John und Kai auf dem Weg zum Eis

William E. Glassley

EINE WILDERE ZEIT

Aufzeichnungen eines Geologen
vom Rande des Grönland-Eises

Aus dem Englischen
von Christine Ammann

Verlag Antje Kunstmann

Entweder ist alles erhaben oder nichts.

KATHERINE LARSON

Du bist nicht *in* die Welt gekommen,
Du bist *aus* der Welt gekommen,
　wie eine Welle aus dem Meer.
Du bist in dieser Welt kein Fremder.

ALAN WATTS

Für Kai Sørensen und John Korstgård, deren
Freundschaft, Mut und Leidenschaft Team Alpha erst
möglich machte,

und für Nina,
durch die ich lernte, im Jetzt zu leben

Inhalt

Vorwort	9
Einleitung	17
Impressionen I	**23**
Spaltung	25
Stille	27
Fata Morgana	52
Zerbrochenes Gestein	70
Flechten	82
Der Falke	90
Impressionen II	**99**
Festigung	101
Die Sonnenwand	103
Vogelschreie und Mythen	113
Alpenschneehuhn	121
Klare Gewässer	128
Der Fischefluss	134
Impressionen III	**143**
Neufindung	147
Gezeiten	149
Kiesel-Metronom	159

Gletscher	167
Die Robbe	179
Zugehörigkeit	188

Impressionen IV — **195**

Epilog — 197

Anhang
- Glossar — 215
- Literatur und Danksagung — 218
- Anmerkungen — 222
- Zitatquellen — 223

Vorwort

WENN WIR zu alten oder neuen Reisezielen aufbrechen, verbergen sich in den Landschaften, die wir uns ausmalen, Erwartungen. Wir erhoffen uns bestimmte Abenteuer und befürchten, zu etwas vorzudringen, was wir insgeheim herbeisehnen. Wir halten das Ziel für den Endpunkt unserer Reise, doch meistens stimmt das nicht. Manchmal verwandelt sich das Reiseziel in ein Tor, das unsere Erwartungen verschlingt und hinter dem wir dem Undenkbaren begegnen. So ergeht es mir auf meinen Reisen in die grönländische Wildnis.

Grönland ist der Traum eines jeden Geologen. Weil sich die Gletscher schneller zurückziehen, als die Pflanzen nachrücken können, liegt der jahrtausendelang eisbedeckte Felsuntergrund nun völlig offen und blank poliert da. Er glitzert in der Sonne und wartet scheinbar nur darauf, dass jemand die verblüffenden Kunstwerke erkundet.

Dass Gesteine fließen können, kann man sowieso kaum glauben, aber die Felsgefüge in Grönland könnte man sich in seinen kühnsten Träumen nicht ausmalen. Sie zeigen zweifelsfrei, dass das Erdinnere fast so flüssig ist wie Wasser. Hauchdünne oder haushohe Gesteinsschichten, in Braun, Grauweiß, Grün, Schwarzblau oder Rot, sind endlos miteinander verfaltet, verjüngen sich, verdicken sich, dehnen sich zu papierdünnen Strichen, schwellen wieder an und erzählen Geschichten, die wir unbedingt lesen möchten, aber kaum entziffern können.

Um einige der Geheimnisse zu lüften, reise ich mit zwei dänischen Geologen, Kai Sørensen und John Korstgård, ab und zu nach Grönland. Wir kampieren dann mehrere Wochen in einer der größten unberührten Landschaften der Welt, wandern durch die fünfzigtausend Quadratkilometer große Wildnis, klettern auf Händen und Füßen über nackten Fels und versuchen, aus den bruchstückhaften Hinweisen, die wir finden, eine Szenenfolge abzuleiten. Mithilfe neuester Ermittlungsmethoden, verschiedenster Techniken, Technologien und vager Logikketten entwickeln wir eine schlüssige Erzählung, die beinah die gesamte Erdgeschichte umfasst.

Bislang konnten unsere Forschungen und die von Kollegen seit den 1940er-Jahren nur erste Umrisse dieser Erzählung liefern. Wir wissen nicht viel mehr, als dass sich das Leben und die Gesteine wohl auf wundersame Weise ineinander verwoben haben. Wenn man unser Forschungsobjekt mit einer alten Handschrift vergleichen würde, dann wären die Titelseiten fast vollständig erhalten, aber die Tinte der einzelnen Kapitel mehr oder minder verblichen.

Dass wir noch nicht mehr erreicht haben, kann nicht verwundern. Da die Region über dem Polarkreis liegt, ist es nur wenige Monate im Jahr hell und warm genug zum Zelten. Zudem ist das Gebiet so abgelegen, dass man nur unter Mühen hin- und zurückkommt. Der logistische Aufwand ist enorm. Wir haben über das riesige, noch weitgehend unerforschte Gelände daher nur wenige gesicherte Erkenntnisse.

Was man weiß, ist außerdem noch immer quälend rätselhaft. In den Gesteinen finden sich vage Hinweise auf verschiedenste Gebirgsbildungsprozesse, die irgendwann vor zwei bis dreieinhalb Milliarden Jahren stattgefunden haben. Das jüngste Ereignis war vielleicht so gewaltig, dass es sozusagen die spätere Entstehung des Himalaja vorwegnahm, mit gewaltigen Bewegungen entlang enormer Störzonen, einem Vulkansystem, das mit den Anden mithalten kann, und Ozeanbecken so groß wie der Atlantik. Doch all das ist längst verschwunden, verschluckt von der weitereilenden Erdgeschichte. Es gibt nur wenige und schwierig zu interpretierende Beobachtungen, die diese These stützen können.

Hinzu kommt noch, dass sogar hinsichtlich der Grundannahmen, auf denen die Geologie basiert, Unsicherheit besteht. Alle geologischen Studien zu heutigen Vorgängen auf der Erde beruhen auf der Plattentektonik, nach der die Erde ein dynamischer Planet mit zwölf Ozean- und Kontinentalplatten ist, die sich durch die heißen Temperaturen im Erdinneren langsam über die Erdoberfläche bewegen. Wo die Platten zusammenstoßen, entstehen Gebirge, und wo die Platten auseinanderdriften, Krusten. Der ständige Prozess aus Krustenbildung und -zerstörung läuft dabei in einem geschlossenen System ab; es ist ein Nullsummenspiel. Doch während die Plattentektonik für die letzten neunhundert Millionen Jahre als bewiesen gilt, fehlen für die Zeit davor Belege, oder wenn es welche gibt, sind sie hochumstritten. Die Gesteine in Grönland sind jedoch wesentlich älter als neunhundert Millionen Jahre, und daher wissen wir nicht mit letzter Gewissheit, wie wir unsere Funde interpretieren sollen und durch welche Kräfte sie entstanden sind.

Die Gesteine, die wir erforschen, stammen aus einer Übergangsperiode. Die Erdgeschichte kennt einen chemischen Wirkstoff, der weich und zart, aber überaus mächtig ist: das Leben. Die Erdatmosphäre ist durch seinen Atem und die Zusammensetzung der Ozeane und Flüsse durch seinen Stoffwechsel entstanden. Und auch die Kontinente sind das Ergebnis von Leben: Weil sich vor über 3800 Millionen Jahren chemische Reste der Fotosynthese mit dem Erdmantel vermischten, konnten die Gesteine leichter schmelzen, aus dem tiefen Erdinnern heraussickern und zu den Landmassen zusammenwachsen, auf denen wir heute herumlaufen.[1] Aber haben damit auch schon die plattentektonischen Prozesse eingesetzt, oder sind ihnen uns noch unbekannte Prozesse vorausgegangen? In den Gesteinen, die wir sammeln und erforschen, verbirgt sich die Antwort auf diese Frage.

Wir arbeiten in einem wenig erforschten, hundertfünfzig Kilometer breiten Landstrich westlich vom grönländischen Inlandeis. Obwohl wir aus wissenschaftlichem Interesse hier sind, leben wir dort beinah in einer mythischen Welt. Wochenlang zelten wir in einem der größten unberührten Gefilde der Welt und sind auf uns allein gestellt, freiwillig vom Rest der Menschheit isoliert. Wir bewegen uns zu Fuß oder per Boot durch eine Welt, in der großteils noch nie ein Mensch gewesen ist. Wir nehmen Proben, fotografieren und vermessen unbegreiflich alte Felsen, in denen fast die gesamte Geschichte unserer Erde aufbewahrt ist. Das Gestein ist rau und erbarmungslos, aber von erhabener Schönheit. Es berichtet von einer sich unbändig entwickelnden Welt.

Wenn man sich in der überwältigenden Wildnis zu Fuß oder per Boot von Fels zu Fels bewegt, wird das Leben zu einer Übung in Demut. Die Zeit wird brüchig und versinkt in unbekannten Nebengewässern der Wahrnehmung. Wenn man die Gletscher, schläfrigen Fjorde, felsigen Berge und Tundraebenen betrachtet, steht man immer wieder vor dem Unbegreiflichen. In solchen Momenten offenbart die Welt ihr Innerstes. Die Kluft zwischen den Erwartungen, die wir aus unserem urbanen Leben mitbringen, und dem puren, nackten Gestein der ungezähmten Landschaft ist beinah unüberbrückbar. Unweigerlich stellt sich das niederschmetternde Gefühl ein, dass wir die Welt in dieser puren Nacktheit nicht mehr kennen und uns beinah unwiderruflich von ihr entfremdet haben.

Ich weiß jetzt, dass die Wildnis nicht bloß ein Ort ist, sondern eine Erfahrung. Die unberührten Landschaften beflügeln uns, sie beleben unsere Vorstellungskraft durch Geheimnisse und Verknüpfungen, zu denen wir sonst nirgendwo Zugang haben. Nirgendwo sonst können wir so viel Tiefe, Fülle und Reichtum erleben. Die Wildnis liegt am Grund dessen, was wir als Seele empfinden. Darum ist sie zweifellos auch unsere Heimat. Das habe ich in Grönland gelernt. Ausgerechnet bei der Suche nach quantitativen, objektiven Beobachtungen hat sich mir die emotionale Wahrheit der Wildnis offenbart.

Das Wort *Wildnis* stammt vom mittelhochdeutschen *Wiltnus*, »unbebaute, unkultivierte Gegend mit üppig wucherndem Pflanzenwuchs und ungezähmten Tieren«[2]. Das Leben in der Wildnis ist für den Menschen ein ständiger Kampf. Man kann dort nur schwer siedeln, Ackerbau und Viehzucht betreiben, Kinder großziehen oder abends gemeinsam am Ofen sitzen. Die Wildnis mit ihren wilden Tieren ist ein Randgebiet, in dem der Mensch vielleicht herumstreift, aber vermutlich scheitern wird, wenn er dort dauerhaft leben will. Die Wildnis ist kein einladender Ort. Der Mensch könnte dort zur Beute werden.

Einst war überall Wildnis, und wir sind von Anfang an dort herumgestreift. Viele Sprachen kennen kein Wort für sie, weil sie als natürliches Umfeld keinen Namen brauchte. Doch wir streifen heute nicht mehr umher und haben der fast verschwundenen Wildnis vor etwa tausend Jahren einen eigenen Namen gegeben. Der Planet wurde von uns wie von einer gigantischen Tsunami-Welle überflutet. Wir überschwemmen ihn mit immer mehr Menschen und drängen die echte Wildnis zunehmend an den Rand. In den nächsten fünfunddreißig Jahren wird die Weltbevölkerung von derzeit über sieben Milliarden auf mehr als zehn Milliarden wachsen. Das heißt, wir werden die Wildnis noch mehr beschneiden und uns damit der einzigen Möglichkeit berauben, unsere wahren Wurzeln kennenzulernen: Wenn wir der unberührten Landschaft nicht mehr unmittelbar gegenübertreten können, geht uns unsere Gegenwelt verloren. Doch tragischerweise bemerken wir den eigentlich offensichtlichen Verlust kaum. Ich möchte von diesem Verlust berichten, weil ich ungewollt zum Augenzeugen wurde.

Eines Abends, als Kai kochte und John seine Aufzeichnungen überarbeitete, spazierte ich allein an der Küste nördlich von unserem Camp entlang, auf der Suche nach einem ruhigen Ort, wo ich den Tag noch einmal Revue passieren lassen konnte. Ich überquerte einen Hügel und entdeckte überrascht eine kleine Bucht. Es war Ebbe, an der fernen Fjordmündung schwappten die Wellen herein. Ich ging zu dem schmalen Strand hinunter: Winzige Kräuselwellen, Ausläufer der Wellen weiter draußen, wanderten über den dünnen Wasserfilm, der den durchnässten Schlick überzog. In der Fjordmitte trieben Eisberge vorbei. Auf dem Wasser, das die Sedimente gerade eben bedeckte, spiegelten sich rosagrau getupfte Wolken. Eigentlich passierte nichts, doch in den dunklen Schatten der zighundert kleinen und großen Steine, mit denen die Bucht übersät war, entdeckte ich eingebildete Augen und stelzende Gestalten. Ich ließ die wilde Kulisse auf mich wirken. Doch irgendwann wurde das Bild von etwas gestört; etwas passte nicht, irgendetwas, das ich nicht bewusst sah. Als ich mir die Steine genauer anschaute, bemerkte ich schließlich, dass auf einem seltsamerweise ein kleiner, gut austarierter Tundrahügel saß. Die mehrere Zentimeter hohe, flache Kuppe, auf der lange Grashalme wuchsen, sah aus, als hätte sie jemand mit Bedacht dort hingesetzt. Ich versuchte, mir einen Reim darauf zu machen, als mir auffiel, dass alle Steine ab einer gewissen Größe einen solchen Tundrahügel trugen. Und die flachen Rundungen der Tundrahüte endeten alle genau in derselben Höhe.

Verblüfft wurde mir klar, dass die Büschel erodierte Reste einer Tundraebene waren, die sich noch vor Kurzem bis ans Ende der Bucht erstreckt haben musste. Der ansteigende Meeresspiegel hatte an den sich zersetzenden, zarten Pflanzenresten geknabbert und die einstige Linie der Land-Gezeiten-Harmonie verschluckt. Widerstandslos und still hatte sich die Wildnis in eine neue Zukunft zurückgezogen, die unwissentlich von uns geformt wird.

Wenn eines Tages die letzte Wildnis verschwunden sein wird, die dem Klimawandel noch standgehalten hat, bleiben uns nur noch Fossilien und die Erinnerung: an Muster und Formen, Stille und Schreie, Geruch und Geschmack. Dann werden wir den einzigen Bezugspunkt verloren haben, der uns etwas über die Bedeutung des menschlichen Denkens auf dieser Welt sagen kann.

Während John, Kai und ich in der Wildnis von Westgrönland zelteten, wurde der Lärm der Städte mehr und mehr zur vagen Erinnerung und wir selbst zum Teil der Landschaft. Die Grenze zwischen dem Außen und Innen unserer Seele verschwamm. Wer und was wir als Individuen waren, hing auf einmal mit der Erdgeschichte zusammen. Was wir als Wissenschaftler erforschen und erkennen wollten, verschmolz untrennbar mit dem alles überstrahlenden Erlebnis der Wildnis.

Einleitung

GRÖNLAND, eine der größten unberührten Regionen der Welt, ist bis heute überwiegend eisbedeckt. Wo kein Eis liegt, wird die Landschaft zur Erfahrung. Wirkliche und eingebildete Grenzen, Grenzen mit und ohne Namen verwandeln sich in Möglichkeiten. In der rauen Nacktheit der Wildnis sind unsere Sinne erstaunlich geschärft. Die grönländische Felslandschaft ist so geschichtsträchtig, dass man scheinbar nur einen Fuß darauf setzen muss, um die Wirklichkeit zu begreifen.

Die ganz reale Bedeutung Grönlands in Daten und Fakten hat eine nähere Betrachtung verdient. Würde man das eisbedeckte, felsgesäumte Land auf das westliche Nordamerika legen, würde es im Norden und Süden über die USA hinausreichen und sich von San Francisco bis fast nach Denver erstrecken. Das Land ist zu über achtzig Prozent von der einzigen Permafrost-Eiskappe der nördlichen Halbkugel bedeckt, die mit teils über drei Kilometer Dicke zehn Prozent des weltweiten Süßwassers speichert. Der Gipfel der Eiskappe, der »Summit«, ist über dreitausendfünfhundert Meter hoch.

Grönland liegt zu mehr als fünfzig Prozent über dem Polarkreis und war die letzte Landmasse, die, vor ungefähr viertausendfünfhundert Jahren, von Menschen besiedelt

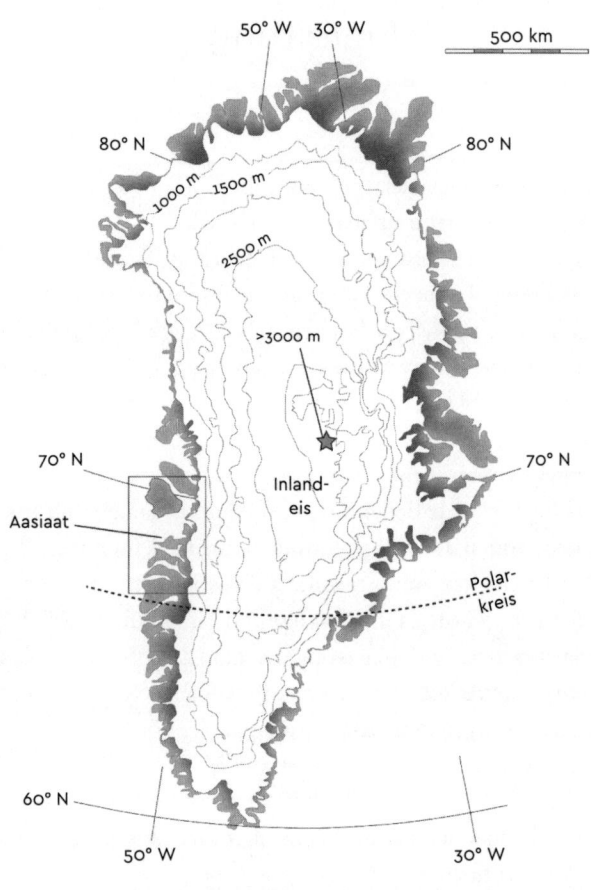

*Grönland, Dicke des Eises und eisfreie Gebiete (grau)
Das Kästchen markiert unser Forschungsgebiet*

Forschungsgebiet. An der gepunkteten Linie beginnt das Inlandeis.

wurde. Es ist das am dünnsten besiedelte Land der Welt und das einzige, in dem laut den Daten der Weltbank null Menschen pro Quadratkilometer leben (Die Datenbank kennt nur ganze Zahlen). Zum Vergleich: In den USA leben auf einem Quadratkilometer 35 und in Deutschland 234 Menschen. Die meisten der knapp 60.000 ständigen Einwohner Grönlands bezeichnen sich als Inuit. Die größte Stadt des Landes ist, mit 16.500 Einwohnern, Nuuk. Auf der gesamten Insel gibt es nur achtundsiebzig Städte, Dörfer, Gemeinden und Siedlungen. Viele davon haben weniger als fünfzig Einwohner. Die Inuit nennen ihr Land Kalaallit Nunaat.

Die grönländische Kultur wurzelt in einer jahrhundertealten Tradition aus Fischerei und Jagd. Robben und Rentiere sind Grundnahrungsmittel, werden zu Kleidung verarbeitet und ermöglichen einen bescheidenen Handel. Die Jagd ist Teil eines Lebens am Existenzminimum. Kunst, Fotografie, Literatur und Sagen können einen Einblick in das Leben und die Traditionen der indigenen Inuit vermitteln, aber weil es keinen nennenswerten Handel gibt, haben nur wenige Außenstehende Zugang zu der Kultur und können beurteilen, ob und wie sie sich verändert.

Entscheidungen weit entfernter Länder, die den komplexen Welthandel, Moral und Natur bestimmen, wirken sich selbst im abgeschiedenen Grönland noch aus. Unter dem Eindruck massenhaft in Kanada abgeschlachteter Robbenbabys verbot die Europäische Union 1983 den Handel mit Robbenfell und 2009 auch den mit allen anderen Robbenprodukten. Mit weitreichenden, teils unbeabsichtigten

Folgen. Weil die Inuit mit Robbenfellen und anderen Robbenprodukten kein Einkommen mehr erzielen konnten, kam ihre Jagdkultur zum Erliegen. Und weil weniger Robben gejagt wurden, nahmen die Robbenpopulationen explosionsartig zu. Damit gingen jedoch auch die Fischbestände zurück, ein weiterer wichtiger Teil der Subsistenzwirtschaft der Inuit. Seit Kurzem ist den Inuit zwar wieder eine nachhaltige Robbenjagd erlaubt, aber die Einkommensverluste waren erheblich. Die grönländische Wirtschaft hängt heute zu sechzig Prozent von den regelmäßigen Subventionen des Königreichs Dänemark ab, zu dem Grönland als autonomer Bestandteil gehört. Grönland kämpft darum, zu einer nachhaltigen Wirtschaft zurückzukehren, doch die Herausforderungen sind durch den sich rasant beschleunigenden Klimawandel ins Unermessliche gewachsen.

In diesem Buch geht es um die Erfahrungen, die ich während fünf Expeditionen zu den Gesteinen Grönlands gemacht habe. Ich erzähle die Geschichte in drei Teilen. Jeder handelt von einem prägenden Naturerlebnis, das meine Wahrnehmung verändert hat. In »Spaltung« geht es um Erwartungen, die zerbröckeln, um Erlebnisse, die von einer tiefen Unkenntnis zeugen. In »Festigung« finde ich mich damit ab, dass ich ein Produkt von Evolution und Erdgeschichte bin und Unwissenheit untrennbar zum Bewusstsein gehört. »Neufindung« erzählt schließlich von Einsichten, die mir gezeigt haben, was wir über diese Erde wissen und nicht wissen können.

Als Bewohner dieser Welt tragen wir Verantwortung, aber unser Leben hat damit noch keinen Sinn. Es macht die Erhabenheit der Wildnis aus, dass sie diesen scheinbaren Widerspruch durch die überwältigende Schönheit einer uns gegenüber gleichgültigen Evolution sichtbar macht. Unseren Einfluss auf die Wildnis erkennen wir dort, wo sie mit dem menschengemachten Klimawandel konfrontiert wird, reagieren muss und neu entsteht.

Dieses Buch erzählt keine chronologische Geschichte. Erlebnisse, die unsere Sichtweise verändern, folgen oft seltsamen Gesetzen, sind sehr persönlich oder offenbaren ihre eigentliche Bedeutung erst später. Jeder Versuch, darüber zu schreiben, kann nur Stückwerk sein. Neue Einsichten oder Perspektiven sind immer nur ein weiterer Faden eines ewig unvollendeten Gobelins.

Die Wildnis spricht vollkommen offen mit uns. Überzeugungen und Vorstellungen, die wir in sie hineintragen, werden von ihr gespiegelt, wenn auch oft in einer für uns schwer verständlichen Form. Mit diesem Buch möchte ich dazu beitragen, die Wildnis auf unserer Erde zu bewahren. Wir können uns in der wahrhaft unberührten Wildnis auf einzigartige Art und Weise mit der Welt verbunden fühlen. Wenn wir die Wildnis verlieren, haben wir keine Möglichkeit mehr, unsere eigenen Wurzeln und die unserer Art zu entdecken.

IMPRESSIONEN I

Schönheit ist nichts anderes als ein sinnlich erfahrbares Abbild der Unendlichkeit.

GEORGE BANCROFT

WAS WIR sehen, ist nichts als Oberfläche. Wir nehmen nur das reflektierte Licht wahr, das durch Ereignisse, die bis in die Gegenwart hineinwirken, flüchtig Gestalt angenommen hat. Wir haben durch Erfahrung gelernt, daraus Textur und Form, Gewicht und Temperatur abzulesen.

Doch was ruht still und leise unter der irdischen Oberfläche, die wir wahrnehmen? Wir greifen nach den Sternen, um zu verstehen, warum die Sonne aufgeht, warum es Winter wird und warum wir sterben müssen. Doch hinter jeder Antwort auf unsere Fragen verbirgt sich nur eine weitere Frage, ein rätselhaftes Geheimnis, das unsere Fantasie beflügelt. Das Wissen über unsere Welt besteht aus Fragmenten. Jeder baut sich aus den Fragmenten seinen eigenen Rahmen, an dem er seine Vorstellungen von Sinn aufhängen kann.

Auf diese Weise haben wir auch erkannt, dass sich das Leben unaufhaltsam weiterentwickelt und aus Sternenstaub und Zeit irgendwann unser Gehirn entstanden ist. Doch obwohl wir diese erstaunliche Erkenntnis gewonnen haben, wissen wir, dass wir aus kosmischer Perspektive nichts sind als ein banales Ereignis. Nichts als ein Pünktchen auf dem reißenden Energiefluss, der seit den unergründlichen Anfängen der Welt vor beinah vierzehn Milliarden Jahren unermüdlich weiterströmt. Wir sind von der Geschichte hingerissen, die uns die Sterne anscheinend erzählen, doch können wir sie nicht wirklich begreifen. Wir laufen durch Landschaften, erkunden die Gesteine und ihre Geschichten und hoffen auf einen Erkenntnisblitz, der uns sagt, worauf es ankommt.

SPALTUNG

Am stärksten beeindruckte uns auf unserer kleinen Reise, dass die große, weite Welt so schnell verblasste. Wir vergaßen Angst, Grausamkeit und Gift des Krieges und der wirtschaftlichen Unsicherheit. Was vor unserem Aufbruch brennend wichtig gewesen war, verlor an Bedeutung. Solche Prioritäten sind offenbar ansteckend, aber wir waren den Virus losgeworden, oder die Antikörper der Stille hatten ihn vertilgt. Unser Tempo hatte sich stark verlangsamt, von den hunderttausend kleinen Handlungen, die unseren Alltag ausmachten, übten wir nur noch wenige aus.

JOHN STEINBECK

Stille

DAS FORSCHUNGSINSTITUT Survey of Denmark and Greenland hatte einen Fischtrawler gechartert, der uns vor Ort bringen sollte. Mit babyblauem Rumpf, einem verwitterten, abgeblätterten Steuerhaus, in dem gerade mal zwei Leute Platz fanden, und einem ausgetretenen Holzdeck, auf dem sich jetzt unsere Rucksäcke, Kisten und Zelte und die Taschen mit frischen Lebensmitteln und Sonstigem für unsere Expedition stapelten. John, Kai und ich waren in Aasiaat an Bord gegangen, in Westgrönland am südlichen Ende der Diskobucht. Aasiaat ist mit etwas über dreitausendeinhundert Einwohnern einer der größten Orte Grönlands. An einem Sommernachmittag kann man in ein paar Stunden sämtliche Straßen und Häuser besichtigen.

Es hatte eine halbe Stunde gedauert, bis wir unser Gepäck unter dem wachsamen Blick von Peter, unserem Skipper, verladen und verzurrt und dann sorgfältig überprüft hatten, ob alles da war. Schließlich legten wir ab, in Richtung eisberggespickter Gewässer. Da wir Stunden unterwegs sein würden, beschlossen wir, auf dem winzigen Vorschiff, wo zwei Kojen mit der Schiffswand verschraubt waren, reihum ein Nickerchen zu machen. Durch die Rumpfplanken, sieben Zentimeter dick und aus Eiche, konnte ich das Meer rauschen hören. Ich schlief eine gute Stunde, dann stand ich wieder auf und schaute mich um.

Es war kühl und windstill, das Wasser lag spiegelglatt unter einem verhangenen Himmel. In der Ferne tauchten ab und zu Wale auf; sie schwelgten in den Fischschwärmen dicht unter der Wasseroberfläche. Schäreninseln zogen an uns vorbei. Auf manchen waren ganze Husky-Rudel zu sehen. Die Schlittenhunde wurden den Sommer über dort ausgesetzt und verwilderten dann fast.

Fasziniert lehnte ich an der Reling, von der der Lack absplitterte, im Hintergrund das gleichmäßige »Tschack-tschack Tschack-tschak« des Dieselzweitakters. Mit dickem Funktions-T-Shirt, Sweater und Fleecejacke, die Wollmütze tief über den Ohren, war ich warm angezogen und auch bei frostigen vier Grad gut geschützt.

Als wir die letzte Schäreninsel hinter uns ließen, überfiel mich plötzlich Angst: Die Welt, die wir für längere Zeit verlassen würden, zerrte an mir. Seit Monaten freute ich mich auf die Expedition, auf die tagtäglich neuen Entdeckungen, die ich in der unerforschten Landschaft zweifellos machen würde und mit meinen alten Freunden teilen konnte. Doch auf einmal war meine aufgeregte Vorfreude von Melancholie und Trauer überschattet: Monatelang würde ich meine Frau und Tochter weder sehen noch hören, das Familienleben würde mir fehlen, die kleinen Alltagsfreuden, das gemeinsame Kochen, der Kinoabend, das Zeitunglesen, auf einer Party mit Freunden zu lachen, Nina zum Schulbus zu bringen.

Ich wurde aus meinen Gedanken gerissen, als der Maat an Deck kam und sich neben mir an die Reling lehnte: strohige, sandfarbene Haare, hellblaue Augen, wettergegerbtes Gesicht, eine breite, flache Nase, die von einem bewegten Leben zeugte. Er sprach perfekt Englisch, allerdings mit überraschendem Akzent.

»Was habt ihr in der Gegend hier oben vor?«, fragte er. Trotz der Kälte trug er nur ein kurzärmeliges T-Shirt und Jeans.

»Wir sind Geologen«, sagte ich und nahm sofort so etwas wie Haltung an. »Wir wollen die Felsen untersuchen.«

Er überlegte einen Moment. Dann sagte er: »Mmh. Sucht ihr nach Gold?«

Ich schüttelte den Kopf. »Uns interessiert die Geschichte der Gesteine hier.«

Er nickte und schob das Kinn vor.

»Was ist daran so interessant?«, fragte er dann wie nebenbei, wobei er nicht mich, sondern die vorbeiziehende Landschaft anschaute.

In der Geologie, erläuterte ich, würde diskutiert, ob es hier vor fast zwei Milliarden Jahren Gebirgszüge gegeben hat, die so groß waren wie der Himalaja oder die Alpen. Leider würden allerdings nur ein paar rätselhafte Spuren auf die tiefen Wurzeln des alten Gebirges hinweisen. Durch die Erosion seien sie jetzt, nach langer Zeit, freigelegt worden, und wir könnten nun überprüfen, was an der Geschichte dran sei.

»Solche Berge hier? Eigentlich kaum zu glauben«, sagte er, während an uns eine hügelige Landschaft vorbeizog, die einen K2, Eiger oder Mount Everest schwer vorstellbar machte.

»Wo kommst du her?«, fragte ich. Seine typisch englische Hautfarbe und sein Akzent ließen keinen Zweifel daran, dass er nicht von hier stammte.

»Sydney. Vor fünf Jahren bin ich mit meiner Freundin hierhergekommen, als Tourist. Irgendwie sind wir dann hier hängen geblieben, in dieser wunderbaren Gegend. Peter und ich sind uns zufällig immer wieder begegnet, ich mochte ihn. Er ist Schwede und lebt seit fünfundzwanzig Jahren hier. Jedes Jahr im Februar besucht er seine Familie in Schweden, dann kommt er wieder. Er kann nirgendwo anders mehr leben. Als meine Freundin und ich das erste Mal hier waren, haben wir in dieser Zeit sein Haus gehütet. Und als er wieder da war, bot er mir diesen Job hier auf seinem Boot an. Ich hab angenommen.«

Er blickte eine Weile aufs Wasser. Dann sagte er: »Ich kann nicht mehr nach Australien zurück. Da ist es einfach zu heiß.« Er lachte, aber dann wurde er ernst.

»Es gefällt mir hier. Man lebt so frei und offen. Woanders wohnen einfach zu viele Menschen … Hier passt jeder auf den anderen auf. Und alle wissen, dass es eigentlich nur auf das hier draußen ankommt.« Er wies mit dem Arm in Richtung Horizont. »Der Frieden hier, die Einsamkeit. Das findet man sonst nirgends … Ohne das kann ich nicht mehr leben. Und meine Freundin auch nicht. Das ist jetzt unsere Heimat.«

Ich betrachtete die Landschaft und fragte mich, was er wohl empfand. Ich lebte gern in meinem Viertel, der Bay Area in San Francisco, ich mochte die Straßen, die Cafés und die kleinen Läden, aber mein Heimatgefühl schien mir nur ein schwacher Abglanz dessen, was ihn mit dieser Landschaft verband.

Wir standen noch lange schweigend an der Reling. Dann richtete er sich auf. »Ich geh mal wieder an die Arbeit. Peter mag es nicht, wenn er mich bezahlt und ich nichts tue. Und euch viel Glück. Hoffentlich findet ihr, was ihr da draußen sucht«, sagte er, verabschiedete sich mit Handschlag und ging.

Es war ein langer Weg, der mich hierhergebracht hatte. Er hatte Jahre gedauert und mich über den halben Globus geführt. Vor fast dreißig Jahren hatte ich in Oslo den Dänen Kai Sørensen kennengelernt; vor einer schwierigen Situation, in der es um Liebe und Freundschaft ging, war er nach Norwegen geflohen und strebte dort eine wissenschaftliche Karriere als Geologe an. Auf der Suche nach einem Platz, wo er in Ruhe forschen und sich ein neues Leben aufbauen konnte, war er an demselben Forschungsinstitut gelandet, wo auch ich gerade eine geistige Heimat gefunden hatte.

Ich war ebenfalls zu neuen Ufern aufgebrochen. Ich war frisch geschieden, hatte gerade eine neue Beziehung angefangen und meinen Doktor gemacht. Als sich mir die Gelegenheit bot, in Norwegen eine neue Forschungsrichtung einzuschlagen, hatte ich sofort zugegriffen. Ich sehnte mich nach einem Platz, wo ich von vorn anfangen konnte. Da ich in Oslo niemanden kannte, konnte ich dort wie ein Einsiedler leben, in die ruhige Welt einer Wissenschaft eintauchen, die sich mir gerade erst erschloss, und eine schwierige emotionale Vergangenheit hinter mir lassen. Kai und ich befanden uns also, emotional und als ausländische Forscher in Oslo, in einer ähnlichen Lage. Daraus entstanden endlose Gespräche, eine WG und eine enge Freundschaft. Irgendwann sollte noch Julian Pearce zu uns stoßen, auch er in einer ähnlichen Lebensphase und der Dritte in unserer seltsamen Ausländer-WG. Wir nahmen morgens alle drei den Bus zum Institut, aßen mittags gemeinsam am Geologentisch im dritten Stock, fuhren abends wieder zusammen nach Hause und kochten reihum. Danach spielten wir Hearts, wobei ich fast immer verlor, lauschten auf Kais Anlage andächtig *Cabaret* und *Jesus Christ Superstar* und tranken dazu Kaffee mit einem oder zwei Schuss Aquavit. Die vorübergehende Männergemeinschaft gab uns Halt.

Mich hatte es zu einer neuen Forschungsrichtung gedrängt, weil mich die Geologie, anders als zu Beginn des Studiums erwartet, zunehmend begeisterte. Während meiner Doktorarbeit hatte ich mich einige Jahre mit der relativ jungen geologischen Geschichte der Olympic-Halbinsel im US-Bundesstaat Washington beschäftigt und langsam eine Ahnung davon bekommen, wie gewaltig und schön die Erdgeschichte war. Die unaufhaltsame, aber unvorstellbar langsame Dynamik, von der das felsige Rückgrat der Landschaft erzählt, beeindruckte mich zutiefst, und ich war geradezu süchtig danach, die unbekannte und unerkannte Geschichte noch älterer Zeitalter zu erforschen. Mit der Stelle am Osloer Forschungsinstitut konnte ich nun noch umfassender forschen und mich mit grundsätzlicheren Fragen beschäftigen, etwa damit, wie Gesteine zig Kilometer unter der Erde chemische Stoffe austauschen. Das leicht abseitige Thema interessierte weltweit höchstens eine Handvoll Wissenschaftler, aber es war, wenn vielleicht auch nur von geringer, so doch von globaler Bedeutung.

Kai erzählte mir damals hochinteressante Details von seiner Arbeit in Westgrönland, in einer Gegend mit uralten Gesteinen und komplexer Erdgeschichte – und die mir völlig unbekannte Landschaft am Rand des grönländischen Inlandeises beeindruckte mich sofort. Er wusste von rätselhaften Strukturen in über zwei Milliarden Jahre alten Felsen zu berichten, die vermuten ließen, dass dort Ähnliches geschehen war wie heute, nahe der Erdoberfläche, im Himalaja oder den Alpen. Die Ereignisse in Grönland hätten sich allerdings Kilometer unter der Erdoberfläche abgespielt und könnten uns Hinweise darauf liefern, was tief unter den heutigen zerklüfteten Gebirgen passiert. Leider, so Kai, ließen sich die Beobachtungen aber keiner Plattentektonik zuordnen, dafür seien die Gesteine zu alt. Unser geringes Wissen über dieses Urzeitalter erlaube wenig mehr als haltlose Hypothesen.

Kai war auf Strukturgeologie spezialisiert, beschäftigte sich also vor allem mit der Form, Struktur und Ausrichtung von Gesteinsschichten. Er und seine Kollegen gingen davon aus, dass in diesem komplexen Gebiet ein ganzer Kontinent förmlich auseinandergebrochen war, wobei der eine Teil schon kurz nach der Gebirgsbildung über Dutzende oder Hunderte Kilometer an dem anderen entlanggeglitten war. In dem Gebiet hatte man starke Deformationen gefunden.

Mit meinem wissenschaftlichen Hintergrund konnte ich Kais strukturelle Arbeit gut ergänzen, weil ich genauere Details zu Temperatur und Druck liefern konnte, bei denen Gestein so extrem deformiert wird. Mein Gebiet war die Gesteinsmetamorphose, das heißt, ich las an der mineralogischen Zusammensetzung ab, wie heiß ein Gestein geworden war und welchen Weg es ins Erdinnere und wieder zurück genommen hatte. Mithilfe von Mikroskop, Röntgenspektrometer und Elektronenstrahl ging ich der geheimnisvollen Reise auf den Grund, die Gesteine über lange Zeiträume und große Entfernungen zurücklegen. Kurz vor meiner Rückkehr in die USA konnte ich Kai noch davon überzeugen, mir seine Gesteinssammlung zur näheren Laboruntersuchung zu überlassen. Ich hoffte, so eines Tages nach Grönland zu kommen.

Irgendwann wurde noch ein Kollege von Kai, John Korstgård, mein Freund. Er war in erster Linie Strukturgeologe, kannte sich aber auch in Geochemie und Mineralogie aus. Wir drei waren ein gutes Team.

Einige Jahre später gelang es uns, Fördermittel für eine Grönlandreise zu erhalten, und die gemeinsame Arbeit im Gelände machte uns viel Spaß. Fast zehn Jahre lang forschten wir drei auf demselben Gebiet, veröffentlichten einige Gemeinschaftsartikel und hielten auf Konferenzen gemeinsam Vorträge. Doch durch unterschiedliche Karrieren und Lebensentscheidungen trennten sich unsere Wege schließlich. Ende der 1990er-Jahre hatten wir nur noch sporadisch Kontakt. Die Arbeit in Grönland war zur nostalgischen Erinnerung geworden.

Aber im Jahr 2000 meldete sich Kai überraschend bei mir. Er plane eine neue Grönlandexpedition. Das Geological Survey of Denmark and Greenland fördere eine regionale Forschungsarbeit in Westgrönland. Er fragte mich, ob ich zusammen mit John dabei sein wollte. Wir könnten unsere frühere Arbeit jetzt auf Bereiche ausweiten, für die uns damals Budget und Zeit gefehlt hätten. Nebenbei erwähnte er noch, dass die Interpretation der Deformationszone, von der er und seine Kollegen damals ausgegangen seien, mittlerweile stark angezweifelt würde und die Expedition in dieser Hinsicht ebenfalls einige Fragen klären solle.

Ich hatte damals nicht mehr direkt mit der Grönlandforschung zu tun, verfolgte aber aus persönlichem Interesse noch immer die Veröffentlichungen. Ich wusste, dass manche Artikel dem widersprachen, was ich von Kai, John und einigen ihrer Kollegen wusste, hatte dem aber keine größere Bedeutung beigemessen. Vielleicht waren es einfach nur provokante Thesen, die man in der akademischen Welt nicht übermäßig ernst nehmen würde. Ich hatte keine Ahnung, dass es dabei auch um höchst persönliche Konflikte ging.

Weil ich mich nach Grönland zurücksehnte und danach, wieder mit John und Kai zusammenzuarbeiten, sagte ich Ja. Die Fragen, die wir damals nicht hatten beantworten können, nagten im Grunde schon seit Jahren an mir.

Als ich an der Reling stand und die Schäreninseln an mir vorbeiziehen sah, ahnte ich nicht, dass dies nur der erste Abschnitt einer Reise war, die fünfzehn Jahre dauern sollte.

Als wir schließlich auf Höhe der Stelle waren, wo wir unser Basislager aufschlagen wollten, lenkte der Skipper das Boot in eine Bucht. Mit einem Ruderboot brachten wir unsere Ausrüstung an Land. Wir mussten mehrmals hin- und herfahren, aber nach einer halben Stunde lagerte alles unter einem Felshang am Strand. Herzlich und mit Handschlag verabschiedeten wir uns von Maat und Skipper.

Unser Camp lag auf einer schmalen, zerklüfteten Felsbank, die sich ein Stück weit an der Nordküste des Arfersiorfik Fjords entlangzog. Wir befanden uns fünfzehn Kilometer vom inländischen Eisschild und neunzig Kilometer von der nächsten Inuit-Siedlung entfernt und so weit über dem Polarkreis, dass die Sonne wochenlang nicht untergehen würde.

Es wehte ein kühler Abendwind. Ich schlug den Kragen hoch, vergrub die Hände in den Anoraktaschen und stieg über den Felshang zur Felsbank hoch. Von dort oben schaute ich dem Fischtrawler hinterher. Als der blaue Rumpf in der Ferne verschwand, in Richtung Zivilisation, beschlich mich eine bittersüße Melancholie. Mit dem aufgewühlten Kielwasser verschwand unsere letzte Verbindung zur Zivilisation.

Vor mir lag eine Landschaft aus langen, hügeligen Felsrücken, Tundraebenen und -tälern, massiven Steilwänden und vergletscherten Gipfeln. Sie mutete an wie ein geflutetes Yosemite Valley: gigantisch, schroff und schön. Die Wellen, die gleichmäßig und sanft auf den Kieselstrand schlugen, bildeten den Soundtrack dazu.

Meine vagen Erinnerungen an frühere Aufenthalte,

durch jahrelange Sehnsucht eingefärbt, wurden von der Realität auf den Prüfstand gestellt. Das kristallklare Wasser im Fjord war eisig kalt. Der gleichmäßige Wellenschlag spülte gefährlich glitschigen Algenschleim an den Strand. Die Wildnis wirkte in all ihrer Schönheit kalt und emotionslos. Die Landschaft lag unter einem Mantel der Einsamkeit, von dem sie so vollständig bedeckt wurde wie der Himmel von den Nachmittagswolken.

Ich stieg über den Felshang wieder hinab zum steinigen Strand, wo unsere Gerätschaften lagen, und half John und Kai, Lebensmittelkisten, Notfallfunkgerät, Zelte, Schlafsäcke, Rucksäcke, Hämmer, Probebeutel und Notizbücher – alles, was wir für unsere vierwöchige Expedition unbedingt brauchten – hochzutragen. John und Kai besaßen Organisationstalent und wussten genau, wo und wie jedes Teil untergebracht werden sollte. Sie zwangen der Wildnis ein wenig Ordnung auf.

Kai wurde zum Koch erkoren. Stämmig und rundlich, wie er war, sah man ihm die Liebe zum guten Essen an. Während er Zwiebel- und Kartoffelbeutel strategisch neben dem Kochgeschirr platzierte, lächelte er und malte sich scherzhaft aus, wie gut wir essen würden. Er öffnete jede Lebensmittelkiste, schaute hinein und entschied, in welchem Abstand zum Campingkocher sie am besten stand. Wir kochten alle gern, aber Kai ging geradezu darin auf. Wenn er kochen durfte, war das auch für uns gut.

Wir würden großteils an den Felsen entlang der Küste arbeiten. Die Gezeitenerosion hatte die Gesteine abgeschmirgelt und die Strukturen und Minerale freigelegt, die wir untersuchen wollten. Wir hatten für unsere Arbeit ein Schlauchboot mit Außenmotor, mit dem man gut an steinigen Stränden anlegen konnte. Als leidenschaftlicher Mechaniker erklärte sich John sofort bereit, die Aufgabe des Kapitäns zu übernehmen. Den passenden Bart – schon jetzt trug er schwarzgraue Stoppeln im Gesicht – und die wettergegerbte Haut dazu hatte er schon. Mit seiner Körpergröße, mit der er Kai und mich überragte, einer gewissen Ruppigkeit, dem trockenen Humor und dem Gesicht, das ein wenig an den Stummfilmstar John Gilbert erinnerte, strahlte er Autorität aus – was ihm nicht unrecht war, aber auch nicht wichtig. Tagaus, tagein trug er eine blaue Baseballkappe, unter der sich ein ziemlich kahler Kopf verbarg, und einen roten Anorak. Während man an Kais starkem dänischen Akzent sofort erkannte, woher er kam, hörte man Johns tiefer Stimme an, dass er viele Jahre in Kanada gelebt hatte. Sein Akzent zeugte von kulturellem Mischmasch. Als ich den beiden half, unsere Ausrüstung unterzubringen, zeigte mir John, wo die Kisten hin sollten.

Unser Zuhause war nun eine vierhundert Meter lange und sechzig Meter breite tundrabedeckte Felsbank an einem Bergrücken, der weiter landeinwärts unter Eis verschwand. Die arktische Spätnachmittagssonne neigte sich dem Horizont entgegen und erwärmte nur mit Mühe die Schattenwelt unter den dicken Wolken und dem dämmrigen Licht.

Das anhaltende Tageslicht war eine Befreiung. Auch wenn der biologische Rhythmus zunächst durcheinanderkommt und die Angst vor schlaflosen Nächten an den Nerven zerrt, stellt sich schließlich eine unerwartete Ruhe ein. Die Tyrannei der nächtlichen Dunkelheit, die Mobilität und Sicht behindert, war gebannt. Uhr- und Tageszeit nur noch eine überflüssige Last. Langsam sickerte die neue Freiheit der Zeitlosigkeit ins tägliche Leben. Wir gewöhnten uns an, morgens um zwei am Strand entlangzuspazieren, über uns pralle Kugelwolken, angestrahlt vom Sonnenlicht, das der spiegelglatte Fjord reflektierte. Wir warteten wie Süchtige darauf, im fahlen Mitternachtslicht die Polarfüchse zu sehen, die in der schwammigen Tundra verstohlen auf Futtersuche gingen.

Nach dem Auspacken machten wir Kaffeepause. Auf dem Campingkocher, den Kai auf einem flachen Stein aufgebaut hatte, zischelte das Wasser vor sich hin. Während wir, mit einer roten Plastiktasse in der Hand, danebenstanden und darauf warteten, dass das Wasser endlich kochte und wir unseren Instantkaffee aufgießen konnten, sinnierten wir darüber, wie abrupt sich unsere Umgebung verändert hatte. Es war noch keine vierundzwanzig Stunden her, dass wir in Kopenhagen gewesen waren, einer der kultiviertesten Städte der Welt, und uns mit John am Flughafen getroffen hatten. Kurz davor hatte ich noch in einem Straßencafé an einem Cappuccino genippt und zugeschaut, wie die Touristen über die Hafenpromenade spazierten. Ich war ein paar Tage früher aus San Francisco eingeflogen, um Kai bei der Logistik für unsere Expedition zu helfen. Und jetzt waren wir von der »normalen« Welt abgeschnitten, und was »normal« überhaupt bedeutete, war plötzlich unklar.

Uns erwarteten Tage voll spannender Entdeckungen, wir würden Dinge sehen, die noch keiner gesehen hatte. In unserem Reden und Lachen war die Aufregung zu spüren. Dann kochte das Wasser, Kai füllte unsere Tassen auf, und durch die arktische Luft zog der durchdringende Geruch nach Instantkaffee.

Doch auch eine gewisse Anspannung lag in der Luft.

»Schön, dass wir wieder hier sind«, sagte Kai seufzend und blickte über den Fjord. Sein rötliches Gesicht glänzte von der nachmittäglichen Anstrengung. John verwies mit dünnem Lächeln auf die Jahrzehnte, die vergangen seien, und schaute dabei in dieselbe Richtung wie Kai. Ich nickte und gab ein leises »Mmmh« von mir.

Auf der anderen Seite des Fjords, fast acht Kilometer entfernt, hob sich ein leuchtend weißes Eisfeld vom Graugrün und Rotbraun der Tundra ab. Wir betrachteten es abwesend, während wir unsere Pläne durchgingen und uns ausmalten, was wir wohl entdecken würden. Irgendwann kam Kai auf die wissenschaftliche Kontroverse zu sprechen, die er schon länger nicht mehr erwähnt hatte. Sein Blick wanderte zu den Pflanzen am Boden, bedächtig fuhr er mit dem Stiefel darüber. Sichtlich aufgewühlt erzählte er von Veröffentlichungen, die die jahrelange Arbeit und Feldbeobachtung zweier Forschergenerationen zu widerlegen schienen. Nebenbei erwähnte er noch, dass die neuen Schlussfolgerungen im Gegensatz zu den älteren Studien nur auf einer einzigen Feldbeobachtung basierten. Es sei unsere Aufgabe, sagte er, jetzt neue Wege zu gehen, bestimmte Orte und Gefüge eingehender zu prüfen und den offensichtlichen Widerspruch zwischen den beiden Hypothesen aufzulösen.

»Um welche Artikel handelt es sich denn?«, fragte ich. Ich wusste zwar, dass ein paar geologische Details strittig waren, doch da es um Wissenschaft ging, hatte ich die Debatte einfach als gründliche Wahrheitssuche verbucht. Ich konnte mich an keinen Artikel erinnern, der so viel Aufmerksamkeit gerechtfertigt hätte.

Er habe die Artikel mitgebracht und könne sie später heraussuchen, sagte John, wobei seine Baritonstimme einen besorgten Ton annahm. Dann lächelte er und deutete auf die Landschaft. »Vielleicht sollten wir uns jetzt lieber einfach freuen, dass wir wieder hier sind.«

Es fielen ein paar Bemerkungen über die Schönheit und Erhabenheit der Landschaft, doch ein Großteil von dem, was wir empfanden, drückte sich nicht in unserem Scherzen und stummen Nicken aus. Was wir wirklich fühlten, behielten wir für uns. Nach der Kaffeepause machten wir uns wieder an die Arbeit und bauten unsere Einmannzelte auf.

Um elf Uhr waren wir vollkommen erschöpft. Wir hatten dreißig Stunden Reise und Arbeit hinter uns. Wir wünschten uns gute Nacht, gingen zu den Zelten und krochen in unsere Schlafsäcke.

Ich schlief sofort ein, wachte aber eine Stunde später schon wieder auf. Aufgeregt und angespannt, wie ich war, konnte ich nicht mehr einschlafen. Ich wand mich aus dem Schlafsack, zog mich an, mit warmer Jacke und festem Schuhwerk, und schlüpfte aus dem Zelt. Ich musste zur Ruhe kommen. Ich schulterte den Rucksack, der unter der äußeren Zeltplane steckte, um den Bergrücken nördlich von uns zu erklimmen. Das diesige Licht der wolkenverhangenen Mitternachtssonne dämpfte die Farben und Formen, aber die Landschaft war unverändert überwältigend.

Die arktische Tundra, eine einmalige biologische Collage aus Gräsern, Moosen, Seggen, Zwergpflanzen und Flechten, wird häufig als öde beschrieben, da es dort nur eintönige Farben und Texturen gebe. Doch das stimmt nicht. Das Tundrabiom ist ein botanischer Aufruhr, der prächtig gedeiht, ein evolutionäres Chaos voller Erfolge und Chancen, ein samtener Teppich an den steinernen Rändern einer erbarmungslosen Welt.

In jede Lücke schieben sich Moose. Die Felsen sind mit schwarzen, weißen und orangen Flechten überzogen, die mit ihren gelockten, brüchigen Rändern wie kleine Rosen aussehen. Die gedrungene, zerlumpte Arktische Weide, ein echter Opportunist und mit sechzig Zentimeter Wuchshöhe die größte Pflanze hier, steht mit lässiger Arroganz überall verstreut. Wo man auch hinschaut, leuchten einem weiße, rosa, lila, rote und gelbe Blüten entgegen, die in der ansonsten graugrünen Welt wie Edelsteine funkeln. Und Wollgras-Gruppen mit bauschigen Mähnen und zwanzig Zentimeter hohen Stielen wehen anmutig und selbstbewusst im Wind.

Die Pflanzen wurzeln in den sich zersetzenden Überresten verschiedener Vorfahren. Unter dem borealen Leben verborgen liegen Tausende Generationen organischer Abfallstoffe. Sie füllen die Kuhlen und umhüllen die Felsen, sammeln Wasser in winzigen Seen und überziehen die eisige Welt mit feuchtkalter Üppigkeit.

An diesem Ort steht die Zeit still. Ich hätte nicht sagen können, ob ich durch eine Landschaft des 21. Jahrhunderts oder die einer Eiszeit wandere. Mit der zeitlichen wird auch die räumliche Wahrnehmung zweifelhaft und unsicher. Ich hatte das Gefühl, eine andere Welt zu betreten.

Als ich schließlich den Fels erreichte, war ich erschöpft. Bei jedem Schritt hatte ich die durchnässten Stiefel mühsam aus dem feuchten Tundraboden ziehen müssen. Mein Herz klopfte, der Atem ging schwer. Ich lehnte mich gegen den sechs Meter hohen Felshang, wartete, bis sich mein Atem beruhigte, und versuchte, mich auf das zu konzentrieren, was ich vor Augen hatte.

Der Fels war nichts Besonderes, ein grauer, geschichteter und umkristallisierter Gneis, wie er uns in den nächsten Wochen noch häufig begegnen sollte. Wo er nicht von Flechtenkolonien besiedelt war, war er der Witterung schutzlos ausgeliefert. Ich nahm die Lupe und sah ein vergrößertes Gestein, von Wintereis und Sommerregen über Jahrmillionen geformt und ausgehöhlt und mit zerbrochenen Kristallen übersät. Die perfekten Kristallflächen und Spaltbarkeiten traten an dem gerundeten Fels als raue Schärfen zutage.

Um den Felshang zu erklimmen, brauchte ich nur wenige Minuten, aber die hatten es in sich. Als ich oben ankam, bluteten Finger, Handflächen und Knöchel. Ich nahm den

Rucksack ab, suchte die Handschuhe heraus und zog sie über meine schmerzenden Hände.

Dann schaute ich mich um und sah, dass der Felsrücken, den ich von unserem Camp aus gesehen und für den Bergkamm gehalten hatte, nur eine von mehreren Felsschultern war und der tatsächliche Bergkamm sich erst hundert Meter weiter über mir erhob. Was eigentlich als kurzer Spaziergang gedacht war, wurde plötzlich zu einer ausgedehnten Wanderung. Ich atmete tief durch, nahm den Rucksack wieder auf und lief weiter.

Ich kam an glitzernden, von Gerbstoffen tiefbraun gefärbten Tümpeln vorbei, die langsam versickerten. Manche waren in tiefgrüne Mooskissen gebettet, schläfrige Gewässer, die sich höchstens dort leicht kräuselten, wo die Wasserrinnsale hinein- und herauströpfelten. Andere waren eigentlich nur flache Kuhlen im durchnässten, pflanzenbewachsenen Boden. Ich konnte mich des unbehaglichen Gefühls nicht erwehren, unerlaubt in Gärten einzudringen, die von unsichtbaren Wesen zur stillen Meditation angelegt worden waren.

Plötzlich tauchten wie aus dem Nichts Falter, Spinnen und riesige Hummeln auf, tanzten in der Luft und verschwanden wieder. Flügelschlagende Wesen huschten von Blüte zu Blüte und versetzten sie unversehens in Bewegung. Doch abgesehen von der Hummel, die laut brummend näher kam, war kein Geräusch zu hören.

Zaunkönige flogen heran und wieder davon. Meine Anwesenheit machte sie nervös. Besorgt verließen sie ihre Tundraverstecke, weil sie fürchteten, dass ich ihre Nester plündern würde; sie wollten mich ablenken. Doch ihre Angst war unbegründet, ihre geschickt versteckten Gras- und Zweigflechtnester würde ich sowieso nie finden.

Während ich über zwei weitere schmale Felsschultern und die dazwischenliegende Tundra weiter aufwärts stieg, kam mir der Gedanke, welche Folgen meine schweren Schuhe wohl für diese empfindliche Welt hatten. Jeder Schritt schien mir übergriffig; mit einem kurzen Gewaltakt drückte ich die Pflanzen zu Boden, die hier seit Jahrtausenden ungestört lebten. Schuldbewusst drehte ich mich um, um den Schaden zu betrachten. Doch überraschenderweise war nichts zu sehen. Unter den Schritten des wandelnden Sterblichen gab die feuchte, vollgesogene Welt nach, offenbarte nach Jahrhunderten der Dunkelheit ihr Innerstes erstmals dem Tageslicht und kehrte dann wieder in ihre ursprüngliche Form zurück. In dieser Welt hatten meine Schritte nicht mehr Gewicht als ein Lufthauch am Nachmittag.

Wieso in diesen hohen Breitengraden überhaupt Leben gedieh, schien auf den ersten Blick unbegreiflich. Angestrengt suchte ich nach den Gründen dafür und der Logik, die dahintersteckte. Doch als mir meine eigene Bedeutungslosigkeit langsam bewusst wurde, erkannte ich, dass die Gründe dafür allein Widerstandsfähigkeit und Zähigkeit waren. Die verzerrten Vorstellungen, die ich aus anderen Kontexten mitbrachte, waren kaum mehr als ein schwaches kosmisches Hintergrundrauschen. Ich hatte noch immer nicht begriffen, wie absolut meine Unwissenheit war.

Eine halbe Stunde später stand ich vor dem letzten Felshang. Müde, verschwitzt, kurzatmig und mit schmerzenden Beinen nahm ich die letzten zehn Meter in Angriff.

Der leicht gerundete, breite Kamm bestand fast vollständig aus kahlem weißen und grauen Gneis. Nur hie und da wuchsen ein paar brüchige Flechten. Ich stand da und schaute mich um.

Mir stockte der Atem. Von Horizont zu Horizont, in einem Umkreis von fast hundertfünfzig Kilometern, sah ich nichts als unberührte Wildnis, die in all ihrer Verletzlichkeit und Schutzlosigkeit vollkommen still dalag. In einer Geste der Unterwerfung streckte ich wie betäubt die Arme aus, drehte mich langsam um mich selbst und ließ den erhabenen Anblick auf mich wirken. Ein Wirrwarr der Gefühle – Trauer, Freude, Freiheit, Demut, Qual – durchflutete mich, ich spürte, wie mir die Tränen kamen.

Dann wandte ich mich ostwärts und stellte verblüfft fest, dass die Wolken genau dort endeten, wo das Land von der Eiskappe eingefasst wurde. Durch irgendein rätselhaftes atmosphärisches Phänomen lösten sich die über Land und Meer hängenden Wolken heute über dem reflektierenden Gletscher auf. Der Himmel dort strahlte in reinstem Blau, der perfekte Hintergrund für das blendend weiße rissige Inlandeis.

Die Gletscherfront zog sich als scharfe Zickzacklinie längs durchs Land, eine zerklüftete Grenze zwischen zwei gegensätzlichen Welten. An manchen Stellen ragten kilometerlange, bis zu hundert Meter hohe bläulich-weiße

Gletscherwände in die Höhe, um sich dann in wellige Gletscherhügel und -täler zu verwandeln und mit sanftem Gleichmut an den Fels zu schmiegen.

Nach allen anderen Seiten war die Landschaft hingegen ein Mosaik aus Fjorden und Seen, Flüssen und Bergen. In den mäandernden Gewässern spiegelte sich der graue Himmel, und auf dem dunklen, schattigen Land erhoben sich steile, parallele Bergrücken und fielen abrupt ab. Felsfinger, vom ewigen Eis geformt, wiesen westwärts in Richtung Ozean, zur Davisstraße. Es schien, als würde sich die Landschaft bewegen. Obwohl sich nichts regte, verliehen ihr die fließenden Formen Dynamik.

Im Süden lag der Fjord, über den wir hergekommen waren. Wie alle Fjorde hier, strömte er in einen Felseinschnitt. Rechts und links ragten Hunderte Meter hohe Felswände empor. An manchen Stellen war er fast zehn Kilometer breit, an anderen nicht einmal zwei. Unser Camp lag zwar nah am Ufer, aber gut geschützt hinter dem ersten kleinen Bergrücken, auf dem ich jetzt stand.

Einen langen Moment stellte ich mir vor, es gäbe auf der ganzen Welt niemanden außer mir, außer dieser einsamen Menschenseele, die hier auf diesem Felsen stand, fasziniert von der verwirrenden Wildnis um sie herum. Doch auf einmal befiel mich ein vages Unbehagen, wie später noch öfter in Grönland. Es war nicht unbedingt Traurigkeit, eher eine leise Sehnsucht nach etwas, für das uns die Worte fehlen und von dem die Wildnis überquillt. Ich hatte das Gefühl, etwas Wesentliches verpasst zu haben, unfähig zu sein, mich wirklich tief verbunden zu fühlen, als ob das, in das ich eintauchte, in unerreichbarer Ferne funkelte.

In der letzten Eiszeit, vor über zehntausend Jahren, lag die Landschaft, in der ich stand, unter einer Hunderte Meter dicken Eisschicht begraben. Alle Täler und Berge, Gipfel und Joche, die ich jetzt sah, bildeten damals den Boden eines wandernden, drückend schweren, gefrorenen Ozeans. Die Landschaft hier war relativ jung, vom schmirgelnden Eis jener Zeit geformt. Als die Gletscher schmolzen und den modellierten Fels freigaben, bot er Pionierpflanzen Halt. Zögerlich, aber unaufhaltsam blühte die Pflanzenwelt Jahr für Jahr, verwelkte und starb. Pflanzenreste lagerten sich in eisbedingten Felsspalten ab, Flechten besiedelten das bloße Gestein, Staub und Abrieb senkten sich in Löcher und Unebenheiten. Gemeinsam gaben sie einer noch unvorstellbaren Zukunft Nahrung, auch unserem Camp.

Vielleicht wanderten Neandertaler und Cro-Magnon-Menschen auf der Suche nach Essbarem oder aus Neugier über die nun pflanzenbewachsenen Hügel und Berge. Dass sie dort siedelten, ist allerdings eher unwahrscheinlich, da weiter südlich wärmere Gestade lagen, die erheblich einladender waren. Trotzdem stellte ich mir beim Anblick der Gletscherwände unweigerlich vor, wie die frühen Menschen dort vorbeigingen.

Diese Landschaft verweigerte sich einem unmittelbaren Verständnis. Alles war neu und unbekannt. Es gab keine Bäume, keine Häuser, Straßen, Autos oder Menschen, und nichts rührte sich. Es war, als liefe ich allein durch eine fremde Welt, nicht über diese Erde, sondern über irgendeinen Planeten, dessen Kräfte und Prozesse anderen Spielregeln gehorchten.

Je länger ich dort stand, desto stärker spürte ich, dass mein jetziger Eindruck nicht zu meiner Erinnerung an Grönland passen wollte. Wie früher auch wirkte alles unendlich heiter: Unablässig entfalteten sich Geschehnisse und Stoffe als harmonische Einheit, die alles formte und färbte. Und doch stimmte irgendetwas nicht.

Irgendwann brummte eine einsame Hummel an meinem Ohr vorbei, flog weiter ins Tal und verschwand, und da wusste ich, was es war. Trotz allem Leben herrschte in dieser Welt eine vollkommene, tiefe Stille. Das war es, was ich vergessen hatte, die völlige Lautlosigkeit.

Wenn eine sanfte Brise mein Gesicht streifte, hörte ich nichts. Der glitzernde, leicht bewegte Fluss, der in der Ferne vorbeiströmte, gab keinen Ton von sich. Ich drehte mich in alle Richtungen, lauschte angestrengt, aber vergeblich.

Was ich hören konnte, war die ursprüngliche Beschaffenheit der Welt. Auf dem ersten kargen Land, das vor etwa vier Milliarden Jahren entstand, war, abgesehen vom seltenen Getöse der Stürme oder Vulkanausbrüche, kein Laut zu vernehmen. Und auch im Meer und am Himmel herrschte, außer wo die Wellen an die Küsten der Kontinentalränder schlugen und den Sand auswuschen, Stille. Die längste Zeit war es still auf Erden.

Das sollte sich erst ändern, als vor ungefähr sechshundert Millionen Jahren die ersten Tiere unseren Planeten bevölkerten. Die Fische schnappten nach Luft, die Bienen summten, die Dinosaurier brüllten und bellten, die Pferde wieherten, und schließlich sprach oder sang auch der Mensch. Nun war auf der Erdoberfläche zunehmend ein komplexeres, lauteres Leben zu hören, ein Tönen, das im Lärm unserer Straßen seinen bisherigen Höhepunkt fand.

Dort, wo ich jetzt stand, wäre jeder Ruf oder Schrei von der gigantischen Wildnis verschluckt worden. Was ich sah, war eine unermesslich alte Welt, die sonst fast überall verschwunden war, eine letzte Enklave, die die Sprache unseres Anfangs sprach: Stille. Die Landschaft in ihrer unvorstellbaren Weite lud mich ein, die ganze Welt zu umarmen.

Ich blieb auf dem Felsvorsprung stehen, so lange ich konnte, und bemühte mich, meinen Geist zum Schweigen zu bringen. Doch ich fror an Händen und Füßen, und langsam machte sich auch die Erschöpfung bemerkbar. Eingehüllt in den Mantel der Wildnis, kehrte ich zum Camp zurück und konzentrierte mich einfach nur darauf, zu hören.

Am nächsten Morgen nahm ich einen Umweg zum Küchenzelt. Ich spazierte zum Fjord hinunter, lauschte, wie das Wasser ans Ufer schlug, und versuchte, eine Verbindung zu der Welt herzustellen, die wir hinter uns gelassen hatten. Es war windstill. Der Fjord glänzte wie ein Spiegel. Von den sanften Wellen, die langsam über den Meeresfinger wanderten, wurde kein Sandkorn aufgewirbelt. Wenn es Geräusche gab, dann stammten sie von mir.

Später trank ich Kaffee im Küchenzelt und frühstückte zum ersten Mal mit Kai und John im Camp. Wir durchforsteten die Lebensmittelkisten nach Leckerem; aus Dosen- und geräuchertem Fisch, Müsli, Milchpulver, Brot, Zucker und Marmelade klaubte sich jeder heraus, was ihm am besten schmeckte. Kauend planten wir unseren Tag, aber meine nächtliche Wanderung behielt ich für mich. Die beiden mussten noch nicht unbedingt wissen, dass ich gern allein durch die Landschaft streifte.

Fata Morgana

WIR WOLLTEN Proben von allem nehmen, was uns etwas über die Erdgeschichte des Gebiets verraten konnte, ob gedehnte Kristalle, gefaltete und verzogene Gesteinslagen oder sonstige Hinweise auf tektonische Bewegungen. Wenn wir die Stellen, wo wir Beobachtungen machten und Proben entnahmen, auf einer Karte eintrugen, konnten wir daraus schon im Gelände eine erste Geschichte zusammenfügen. Die Proben würden im Labor dann untersucht und unsere Geschichte so um weitere Facetten bereichert: Wie heiß war das Gestein geworden und wie tief in der Erde lag es zum Zeitpunkt der Deformation? Die Feldbeobachtungen und Laborergebnisse würden uns am Ende den Faktenrahmen für die Erdgeschichte liefern, die sich vor Jahrmilliarden hier abgespielt hatte.

Die verschwundenen Gebirge, die wir uns vorstellten, waren nur eine mögliche Interpretation der Erdkapitel, von denen die stumpfen Strukturen und Texturen der grönländischen Gesteine andeutungsweise erzählten. Die Strukturen entsprachen denen der Alpen und des Himalajas, Gegenden also mit gewaltigen Aufschiebungen, riesigen Falten und metamorphen Umwandlungen, entstanden unter Extrembedingungen. Durch die Kraft der Analogie befeuert, hatten Kai, John, ihre Mitarbeiter und Vorgänger angenommen, dass die grönländische Landschaft ein früher Vorläufer der jungen Gebirgssysteme war, die die Erdoberfläche bis heute auf dramatische Weise anheben. Doch die grönländischen Vorfahren waren mittlerweile längst verschwunden, ausgelöscht von einer unersättlichen Gier: Das Wasser fließt, der Wind weht und die Gletscher schmirgeln, bis zwischen Land und Meer eine Art topografischer Gleichstand herrscht. Die Erosion gewinnt immer.

Erste eindeutige Hinweise auf die verschwundenen Gebirge waren schon vor Jahren entdeckt worden. Nach dem Zweiten Weltkrieg hatte Dänemark das Forschungsinstitut Grønlands Geologiske Undersøgelske (GGU) gegründet, und in seinem Namen wurde die Westküste Grönlands erstmals systematisch von Geologen erforscht, darunter Arne Noe-Nygaard und Hans Ramberg. Sie fuhren die unregelmäßige Küste mit motorisierten Segelbooten ab, die auch einem Zusammenstoß mit Packeis standhielten, und stießen auf einen dreihundert Meter breiten Gesteinsgürtel, der anscheinend von mehreren komplexen Episoden mit langer, intensiver Deformation zeugte. Weil der mobile Gürtel die Region Nagssugtoq durchschnitt und seine Verfaltungen auf ehemals extrem formbare, flüssige Gesteine schließen ließen, nannte man ihn den Nagssugtoqidischen Faltengürtel. Er durchquerte Grönland in ostwestlicher Richtung und wies eindeutig auf ein großes orogenetisches oder gebirgsbildendes Ereignis hin, doch das genaue Wie und Warum blieb ein Rätsel. Die Region wurde zudem von mehreren wenige bis Dutzende Kilometer breiten Zonen durchschnitten, deren Gesteine stark geneigt und durchgängig identisch ausgerichtet waren. Wie die Gesteine zu interpretieren waren und welche tektonische Bedeutung sie hatten, blieb lange ungeklärt. Doch Ende der 1960er-/Anfang der 1970er-Jahre stellten unter anderem Arthur Escher und Juan Watterson die These auf, dass Gesteine dieser Zonen zu steil gestellten parallelen Schichten und Lagen geschert worden waren. Die Zonen nannte man daher Scherzonen, und nach den Gegenden, durch die sie verliefen, Isortoq-, Ikertoq-, Itivdleq- und Nordre-Strømfjord-Scherzone (NSSZ). Weil Letztere am Nordrand des Nagssugtoqidischen Faltengürtels lag, geriet sie bald ins Zentrum der Aufmerksamkeit. Als Einzige wurde sie vom Rand des Inlandeises aus begutachtet, während die anderen lediglich vom Boot aus vermessen wurden und ihre inländische Ausdehnung ungewiss blieb.

Die Geologie gilt nicht gerade als aufregende Wissenschaft. Das Gestein harrt stoisch seiner Beobachtung und gibt seine Geschichte, die sich noch dazu in unmerklichen, gletscherlahmen Schritten vollzieht, nur zögerlich und dank ausgeklügelter Schlussfolgerungen preis. Doch manchmal kann sich die Erzählperspektive selbst in der Geologie radikal ändern und ein neuer Handlungsstrang auftauchen, der die Feldforscher überrascht.

1987 war so ein Jahr, in dem die Welt der Grönlandforschung durch einen Perspektivwechsel erschüttert wurde. Auch dieser spielte sich zwar langsam ab, hatte aber erhebliche Folgen. Am Nordrand des Faltengürtels, nahe dem Inlandeis, entdeckten Feiko Kalsbeek, Bob Pidgeon und Paul Taylor Reste von Gesteinen, wie man sie heute in den

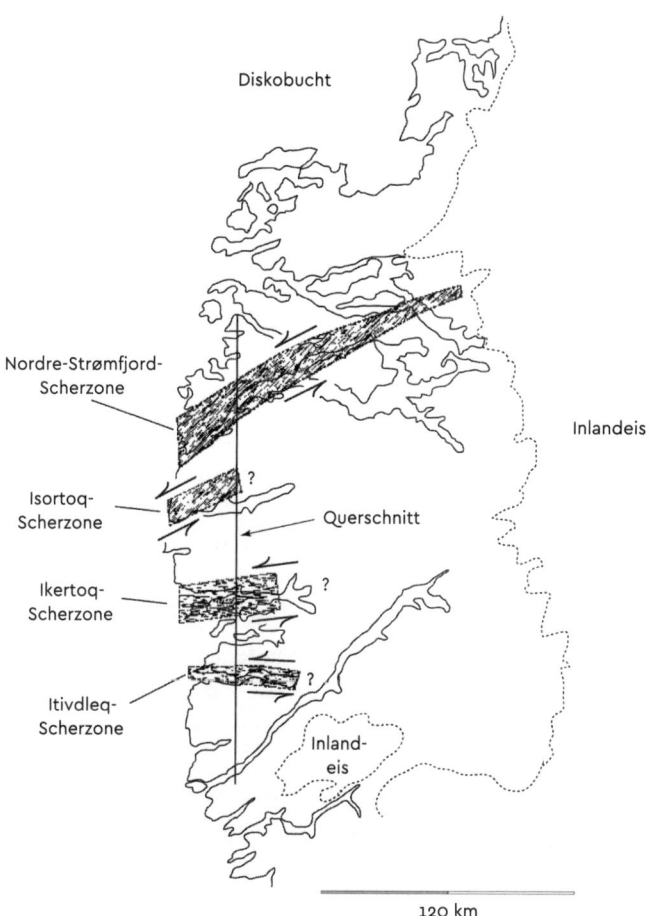

Die Scherzonen von Escher und Watterson. Die Pfeile geben die angenommene Bewegungsrichtung zu beiden Seiten der Scherzonen an. Die senkrechte Linie markiert die Lage des Querschnitts von Seite 56. Leicht veränderte Darstellung nach einer Zeichnung von Kai Sørensen.

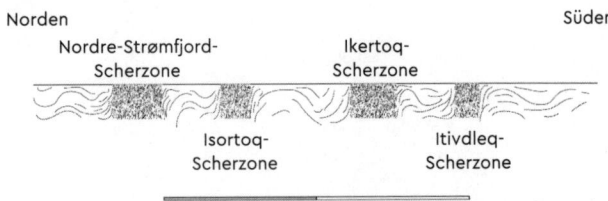

Der Querschnitt von ca. 1976 zeigt, wie die Scherzonen die ansonsten nur leicht deformierten Gesteinsschichten aus Abbildung Seite 55 unterbrechen.

Anden und der Sierra Nevada in Kalifornien findet.[3] Die grönländischen Gesteine waren fast 2000 Millionen Jahre älter, bewiesen aber, dass sich in Grönland Ähnliches abgespielt haben musste wie heute in den Anden. Dort bewegt sich der südamerikanische Kontinent westwärts, schiebt sich über den Ozeanboden des Pazifiks und drückt diesen Hunderte Kilometer tief unter die Erdoberfläche. Wenn der Ozeanboden in das glühende Erdinnere gedrückt wird – was starke Erdbeben auslöst –, schmilzt er teilweise auf und gibt geschmolzene Gesteine frei, die langsam wieder an die Oberfläche wandern. Die Vulkane und Gebirgszüge der Anden sind durch solche Vorgänge entstanden. Wenn die Analogie also stimmte, dann musste es irgendwo versteckt im Nagssugtoqidischen Faltengürtel einen verschwundenen Pazifik geben. Doch davon fehlte bis jetzt jede Spur.

Kalsbeek und seine Mitarbeiter stellten daher die These auf, der einstige Ozean sei bei der Kollision von zwei kleinen

Kontinenten verschluckt worden. Damit konnten sie den Faltengürtel und die hochgradigen Störungszonen darin erklären: Die massiven Deformationen zeugten von den Folgen einer Frontalkollision zweier Kontinente. Doch es gab kaum Belege, um diese Kollisionszone zu lokalisieren. Es ließ sich nicht zuverlässig feststellen, wo die Gesteine des früheren südlichen Kontinents endeten und die des nördlichen Kontinents anfingen. Erschwerend kam noch hinzu, dass in diese Debatte stets die Frage hineinspielte, ob es zu diesem frühen Zeitpunkt der Erdgeschichte überhaupt schon plattentektonische Prozesse gegeben hatte.

John und Kai hatten Gegenden erkundet, die für die Beantwortung dieser Fragen zentral waren. Sie vertraten die Ansicht, dass die Kollisionszone mit ihren massiven Bewegungen und Deformationen genau dort liegen könnte, wo sie gearbeitet hatten.

Die Zahl derer, die die Erdgeschichte erforschen, ist klein, und die Zahl der zu erforschenden Gegenden groß. Was wir bislang wissen, ist daher wenig. Wer die Geschichte der Entstehung bestimmter Landschaften entziffern will, beschäftigt sich angesichts der riesigen Erdoberfläche meistens sein Leben lang nur mit einem bestimmten Bereich und erforscht ihn in all seinen Nuancen. Die einen verbringen ihr Leben mit der Geschichte der wunderbaren Alpen und klettern und wandern immer wieder dort, andere sind dem Himalaja verfallen oder der gigantischen Weite des Kanadischen Schilds. Für John, Kai und mich ist es Grönland.

Wenn man sich lange mit einem Gebiet beschäftigt, wird es unweigerlich zum »eigenen« Gebiet. Man verbringt dort viel Zeit und identifiziert sich irgendwann mit diesem faszinierenden Stückchen Erde. Der Platz, den man sich ausgesucht hat, ergreift von einem Besitz: Seine Erdkrümel haften unter den Fingernägeln und verkleben einem die Haare, sein Gestein lässt die Knöchel bluten und hinterlässt Wunden in Herz und Verstand. Irgendwann fließt in jeden Gedanken bewusst oder unbewusst das Wissen ein, das man erwarb, als man durch dieses Gelände streifte. Ansichten davon tauchen zufällig und unerwartet vor dem geistigen Auge auf und drängen danach, eine Verbindung zwischen ihnen und dem herzustellen, was man gerade erlebt. Man ist, wo man war und was man gesehen hat.

John und Kai gehörten zu der Pioniergeneration, die Grönlands Geschichte neu definiert hat. Sie und ihre Kollegen beschrieben detailliert, welche Merkmale die Gebirgsbildung bestimmten: alle Falten, gescherten Schichten, Brüche und Risse. Mit der Zeit kartierten sie die wichtigsten tektonischen Elemente, dokumentierten die Belege für kilometerweite Verschiebungen entlang mehrerer Scherzonen und veröffentlichten wissenschaftliche Artikel, die allgemein Beachtung fanden. Ihre Stimme hatte Gewicht. Sie kannten das Gelände besser als jeder andere. Doch Ende der 1990er-Jahre wurde ihr Ruf als Feldforscher und Wissenschaftler plötzlich infrage gestellt. Kurz gesagt, ein Artikel behauptete, in ihren Arbeiten wimmele es von Fehlern.

Das Geological Survey of Denmark and Greenland hatte mehrere kleine Teams in ein sehr großes Gebiet geschickt, und alle mussten sich morgens und abends über Funk bei der Basisstation in Aasiaat melden, damit man im Notfall einen Hubschrauber losschicken konnte. Es sollte allerdings das erste und letzte Jahr sein, in dem wir uns bei einer Expedition per Funk zurückmelden mussten. Später waren wir stets das einzige Team in dem Gebiet, und dafür war eine Basisstation zu kostspielig. Jedenfalls wurden wir am zweiten Abend unserer Expedition von so etwas wie einer Identitätskrise heimgesucht. Wir mussten uns bei der Basisstation mit einem Teamnamen anmelden, der uns unverwechselbar machte. Weil wir jedoch in diesem Jahr als Letzte aufgebrochen waren – und Grönland mit als Letzte wieder verlassen würden –, hatten sich die anderen alle schon gemeldet, als wir ankamen. Umso mehr brauchten wir einen unverwechselbaren Namen.

Uns blieb nicht viel Zeit, danach zu suchen; unser Anruf wurde in Kürze erwartet. Als es dann so weit war, guckten John und ich zu Kai und zuckten mit den Schultern. Kai verzog das Gesicht, drückte den Mikrofonknopf, zögerte kurz und sagte dann: »Team Alpha an Basis, over.«

Kurzes Schweigen am anderen Ende, dann die Antwort: »Hallo Team Alpha, herzlich willkommen!«

Als wir Kai nachher fragten, wie er bloß auf den Namen gekommen sei, sagte er, wir seien doch die Ältesten im Feld, also die Alphamännchen.

Später saßen wir im Küchenzelt, und während Kai ein Huhn zubereitete, unsere letzte frische Mahlzeit für Wochen, redeten wir über unser Vorhaben und die Herausforderungen, die in nächster Zeit auf uns zukommen würden.

Irgendwann fragte ich, was es denn mit den Bemerkungen vom Vorabend auf sich habe, die ja ziemlich emotional gewesen seien. Sofort wurde die Stimmung ernster. John blickte Kai an, griff auf Kais Nicken hin in seinen geheimen Lesevorrat und reichte mir einen siebzehnseitigen Artikel, der vor fünf Jahren erschienen war.

Kai, John und anderen seien bei der Interpretation der Gesteine grundlegende Fehler unterlaufen, hieß es in dem Artikel. Es gebe in der Nordre-Strømfjord-Scherzone in Wahrheit kaum Belege für größere Störungen. Eine eigentlich banale Struktur sei durch eine kollektive Fehlinterpretation für einen Hinweis auf tektonische Bewegungsvorgänge gehalten worden. In den Karten hatte man den Begriff *Scherzone* durch *Parallelgürtel* ersetzt.

Die Wissenschaft ist ein seltsames Geschäft. Im Grunde arbeitet sie mit einem vereinfachten Abbild der Wirklichkeit, das zwangsläufig fehlerhaft ist. Alle Erkenntnisse müssen laufend korrigiert werden, und es gibt eigentlich keine Veröffentlichung, in der alles bis aufs letzte Detail stimmt. Als Wissenschaftler geht man davon aus, dass die eigenen Veröffentlichungen später nachgebessert werden, indem andere weitere Details und Beobachtungen hinzufügen und so noch offene Fragen geklärt werden können. Man betrachtet es als wissenschaftliche Ehre, einen Baustein zur Erkundung einer Landschaft beizutragen. Doch beim Lesen dieses Artikels war mir schnell klar, dass die Arbeit von Kai und John in Bausch und Bogen verurteilt wurde.

Als ich ungefähr die Hälfte gelesen hatte, fragte ich Kai und John, ob sie denn selbst meinten, die geologischen Verhältnisse falsch interpretiert zu haben.»Natürlich nicht«, lautete die einhellige Antwort. Zunächst hielten sich die beiden noch zurück, doch mit wachsender Aufregung zählten sie immer mehr Widersprüche, Fehler, falsche Grundannahmen und Fehlinterpretationen in dem Artikel auf. Diese seien noch viel zahlreicher als ihre angeblichen Fehlgriffe. Allerdings könne das nur dem auffallen, der die Gesteine wirklich kennt.

Kai tippte auf ein Schwarz-Weiß-Foto, auf dem eine Felswand mit waagerechten Schichten zu sehen war. Der Artikel interpretierte diese als flach liegende Schichten im Gneis, die somit dem Modell einer Scherzone mit fast senkrecht gestellten Schichten widersprechen würden. »Du warst doch da, Bill. Erinnerst du dich noch? Das sind keine flach liegenden Schichten!«

Im ersten Moment konnte ich mich nicht mehr an den Ort und seine Gesteine erinnern. »Aber das war doch bei unserer ersten Grönlandexpedition«, sagte Kai, »als wir den Rand der Scherzone untersucht haben.« Und da kam die Erinnerung wieder.

Damals hatten wir unser Camp an einem kleinen Wasserarm an der Südküste des Nordre Strømfjords aufgeschlagen. Damit wir uns mit den geologischen Verhältnissen unserer Expedition vertraut machen konnten, führte uns Kai auf einer Tageswanderung zu dem Gelände am Südrand der Scherzone. Bei den Gesteinen um unser damaliges Camp handelte es sich ausschließlich um Bändergneise mit fast senkrecht gestellten hellen und dunklen Schichtungen, von denen manche nur wenige Zentimeter und andere bis zu mehreren Metern breit waren. Alle Schichten verliefen in Richtung Ost-Nordost. Auf unserer Wanderung liefen wir quer zu den Schichten in Richtung Süden. Da es keine Wege gab, wählte Kai eine Route, die an Flüssen entlang und durch schmale Täler führte. Die Felswand, die auf dem Foto zu sehen war, wurde an ihrem westlichen Ende durch eins der Täler begrenzt, durch das wir gingen. Als wir den Fels erreichten, waren dort zwar schräg einfallende, aber keine senkrecht gestellten dunklen und hellen Bänder zu erkennen. Kai hielt an und erklärte uns, dass die Neigung der Gneise abnahm, je weiter man nach Süden kam. Wir befanden uns am Südrand der Scherzone, dort, wo die dunklen und hellen Schichten zunehmend gedreht und parallel zum Hauptgefüge im Zentrum des tektonischen Gürtels ausgerichtet waren. Die Felswand wirkte auf dem Foto waagerecht geschichtet, weil sie genau parallel zu dieser Schichtneigung verlief. Würde sie quer dazu verlaufen, würde man die steile Neigung sehen.

Dass man bei Gesteinen nur durch genaue Beobachtung und Vermessung erkennen kann, was man wirklich sieht, lernt man schon in den geologischen Einführungskursen. Wir laufen über eine dreidimensionale Erdoberfläche, die komplexe geologische Strukturen durchschneidet. Weil Erdoberfläche und Gesteinsformen unser Auge täuschen, können wir die Felsrücken und Täler nur richtig deuten, wenn wir sie begehen, vermessen, berühren und genau anschauen. Das Foto der Veröffentlichung war aber eindeutig aus einer gewissen Entfernung aufgenommen, von einem günstigen Blickwinkel am Ufer oder einem

Boot aus, und nicht bei einer Geländeexkursion zur Bestätigung einer vorläufigen Interpretation.

Dennoch galt Kai und Johns Arbeit in der internationalen wissenschaftlichen Community nun als wertlos, als eine wissenschaftliche These, die sich wie viele andere auch als Irrtum erwiesen hatte.

Als ich zu Ende gelesen hatte und mit Kai und John über ihre schwierige Lage sprach, wurde mir erst klar, welche tiefen Erschütterungen und Ängste der Artikel bei ihnen ausgelöst hatte. Ich kannte die beiden seit Jahren. Ich wusste, wie sie argumentierten, stritten, Daten prüften und analysierten oder kontroverse Ideen diskutierten. Sie würden nicht leichtfertig irgendwelche Thesen in die Welt setzen. John legte großen Wert auf belastbare Daten und klopfte alles, was er schrieb, auf innere Logik und Schlüssigkeit hin ab. Er war kein schlampiger Wissenschaftler. Und Kai war ein begnadeter Denker, der durch lange, harte Arbeit bloße Informationshäppchen zu Konzepten und Modellen zusammengesetzt hatte, die Gebirgssysteme erklären konnten. Er hatte sich intensiv mit den Großen der Geologie beschäftigt, die unsere Vorstellung von der Erdgeschichte mit Riesenschritten vorangetrieben hatten, konnte Strukturen und Verbindungen erkennen, auch wenn sie zunächst nur vage und mehrdeutig waren, und auf geniale Weise die losen Fäden eines Gefüges zusammenführen. Dass die beiden so falsch liegen sollten, widersprach einfach allem, was ich über sie wusste.

Als die strengen Wissenschaftler, die sie waren, bezeichneten sie das Vorhaben unserer kleinen Expedition als Datensammlung, durch die diese Streitfrage gelöst werden sollte. Als sie mich zu der Expedition eingeladen hatten, hatten sie gesagt, es ginge um die Klärung noch offener Fragen. Das stimmte auch und rechtfertigte unsere Expedition. Doch offensichtlich ging es auch um ihre wissenschaftliche Ehre.

Es war ein ruhiger, stiller Morgen, passend zu unserem ersten Arbeitstag nach der Selbstentblößung von gestern. Die Sonne strahlte von einem tiefblauen Himmel, aber es herrschten beinah frostige Temperaturen. Kai und ich kauerten vorn im Schlauchboot, mit dem wir den Arfersiorfik Fjord hinuntersausten, und versuchten, uns vor dem Wind zu schützen. Ich zog mir die Anorakkapuze tiefer ins Gesicht und streifte die Handschuhe über. Rechts und links spritzte das Wasser hoch. Sonnenlichtspritzer verzierten den spiegelglatten Fjord. Der Außenbordmotor brüllte. John gab Gas.

Wir wollten zum Nordrand der Nordre-Strømfjord-Scherzone. Das abgelegene, schwer zugängliche Gebiet war vor Jahren schon einmal grob vermessen worden, aber noch nicht wirklich näher erforscht. Auf unserer Karte war es zwar zuversichtlich mit schwarzer Tinte umrissen, aber wir wussten, dass noch niemand dort gewesen war.

Wir hofften, durch diese tektonische Landmarke einen Bezugspunkt zu erhalten, an dem Gefüge und Körnung des Gesteins gut sichtbar und fühlbar waren. Wir brauchten etwas, das man quantifizieren und analysieren konnte und das uns einen Bezugswert für spätere Messungen und Vergleiche lieferte. Um hochgradig gescherte von minimal gescherten Gesteinen unterscheiden zu können, benötigten wir einen Ausgangswert.

Während unser Boot die klaren Fjordgewässer durchschnitt, blickten wir uns um. Trotz des dröhnenden Außenbordmotors waren wir von der Schönheit der Landschaft fasziniert: Sanfte Hügel fielen zum Wasser ab, Bächlein, von Blumen aufgehalten, flossen in Kaskaden abwärts, und alles zusammen strahlte eine große Ruhe aus. Nur mit Mühe konnten wir uns auf die Felswand südlich von uns konzentrieren, die gut erkennbar aus gefalteten und gescherten Gneisen bestand.

Doch während wir noch die steilen Felswände an der südlichen Fjordküste betrachteten, veränderte sich plötzlich etwas weiter landauswärts, kilometerweit entfernt am Fjord. Ich drehte mich um, um besser sehen zu können, aber war nur umso mehr verwirrt. Zuerst dachte ich, die Landschaft wirke verzerrt, weil mir die Kälte die Tränen in die Augen trieb; ich rieb sie mir, doch noch immer tanzte irgendwas am Horizont.

Die Landschaft an der Nordseite des Fjords war weitläufig und hügelig. Felsköpfe und Tundraeinschlüsse fielen kaskadenartig und sanft zum Wasser ab, luden zum Tagträumen ein und wirkten in der frühen Morgensonne beinah idyllisch.

Doch weiter draußen im Fjord wurde das Land von einer mächtigen türkisblauen Klinge durchschnitten, als hätte ein Malerriese seinen Pinsel in Farbe getaucht und einmal schwungvoll über den Boden gezogen. Es war ein strahlendes, kraftvolles Türkisblau, Farbe pur. Der perfekt waagerechte Strich schien sich hundert Meter weit in den Himmel und kilometerweit über Land zu erstrecken, und mittendrin schwammen senkrechte weiße, graue, hellbraune und grüne Pfeiler, die aussahen wie die Hochhäuser der fernen Städte. Über dem eisigen Fjord lag ein funkelndes blaues Zauberland von Oz. Nach Norden und Osten zu verjüngte sich das Blau zu einer nadeldünnen Linie, die schließlich inmitten der sanften Hügel in einer rasiermesserscharfen Nadelspitze auslief.

Wir alle sahen es. Während wir weiterfuhren, konnten wir beobachten, wie riesige Gesteinsmassen aus der Hügellandschaft geschnitten wurden, in die blaue Klinge trieben und als Hochhaus in der Luft schwammen. Die Felsmassen waren gigantisch, offenbar kilometerbreit und über hundert Meter hoch. Wenn sie langsam in den Fjord trieben, wurde aus den eckigen Pfeilern etwas Rundes, Langes, mit Textur und Struktur. Die Formen veränderten sich unablässig und lösten sich dann wie Nebeldunst auf. Ein Schauspiel, das einfach zu erstaunlich war. John ging vom Gas, der Bug kippte nach vorn, der Motor dröhnte nicht mehr, wir trieben mit der Strömung dahin.

Während unser Schlauchboot in der sanften Strömung kreiselte und schaukelte, betrachteten wir schweigend die Fata Morgana.

Irgendwann sahen wir in nur wenigen Hundert Metern Entfernung eine Insel, eigentlich nur einen Felskopf, bedeckt von Moosen, Krautgewächsen und Flechten. Auf unserer Karte war er nur ein winziger Punkt, der einem kaum auffallen würde, wenn man nicht danach suchte. Als sich die Insel zwischen uns und die Fata Morgana schob, bedauerten wir, dass das zauberhafte Schauspiel nun vorbei sein würde.

Dann wurde die Insel ohne Vorankündigung, aber mit großer Lässigkeit von der fernen blauen Linie durchtrennt, mit einer solchen chirurgischen Präzision, dass wir erst nach einer Weile begriffen, dass Erwartung und Erfahrung nicht zusammenpassten. Die Insel war eindeutig entzweigeschnitten, und zwischen der oberen und unteren Hälfte leuchtete eine dünne türkisblaue Schicht.

Ich konnte es nicht glauben, doch es ließ sich nicht leugnen: Was uns so riesig und kilometerweit entfernt vorgekommen war, war in Wahrheit nur eine banale, bleistiftdünne Fata Morgana, kaum eine Armlänge von uns entfernt. Wie ein Schmetterling gaukelte sie direkt vor unserer Nase, irgendwo zwischen unserem Schlauchboot und dem kleinen Insel-Felskopf.

Was wir eben noch für Wirklichkeit gehalten und alle gesehen hatten, hatte sich schon im nächsten Moment als Irrtum entpuppt. Doch uns fehlte die Zeit, das Rätsel zu lösen. Wir hatten noch einen weiten Weg vor uns und wollten Daten sammeln, die wir dringend brauchten. Schon in Kürze würde der Nachmittagswind unsere Rückkehr zum Camp erschweren. Schweigend startete John den Motor, und wir fuhren weiter.

Als wir die kleine Insel umrundet hatten, kehrte die riesige, Ehrfurcht gebietende Fata Morgana still und leise zurück. Sie begleitete uns noch die nächsten zehn Minuten, dann zerfloss sie in der dünnen Luft.

Das Licht hatte sich in der kalten, dichten Luft, die vom eisigen Fjordwasser abgekühlt wird, gebrochen und eine Erscheinung hervorgebracht. Licht ist biegsam: Es kann durch verschiedene, gut erforschte Umstände gekrümmt und verzerrt werden. Mit unserem begrenzten Wahrnehmungsvermögen und den engen physikalischen Grenzen, in denen wir uns bewegen, nehmen wir nur einen winzigen Bruchteil des elektromagnetischen Spektrums wahr. Wir beschwören zwar den Reichtum und die Schönheit der Welt, die wir sehen, aber das meiste entgeht uns. Unser genetisch festgelegter Körper und der Raum, in dem wir leben, schränken unser Erleben ein. Wir sehen nur den Zirkus, den wir selbst erschaffen. Manchmal verlocken uns Fata Morganen, stille Momente und trügerische Wahrheiten dazu, das geheimnisvolle Land zu besuchen, in dem der Zirkus Station macht, doch am Ende bleibt es für uns unerreichbar.

Damals war mir noch nicht klar, dass eine Fata Morgana ein optisches und manchmal sehr starkes Erdbeben sein kann. Die Beben kündigen sich kurz vorher durch ein leises, fernes Grollen an. Wenn man dafür und für das zerstörerische Potenzial der Kräfte ein Bewusstsein entwickelt und darauf achtet, kann man hören, woher das Grollen kommt, und sich entsprechend wappnen. Doch ich hatte dieses Bewusstsein nicht und ahnte nicht, was kommen würde. In den nächsten Wochen und Monaten sollte die Wildnis mein Selbst in den Grundfesten erschüttern.

Wir fanden an jenem Tag den Nordrand der Scherzone, allerdings nicht dort, wo wir ihn erwartet hatten. Die schwarze Begrenzungslinie auf unserer vorläufigen Karte lag kilometerweit daneben. Wir entdeckten außerdem überraschende Gesteine. Doch die Bedeutung des Ganzen blieb vollkommen unklar. Wir diskutierten endlos und ohne Ergebnis.

Aber es war auch ein Warnschuss. Die Linien auf unseren Karten suggerieren Grenzen, die unsere Erwartungen bestimmen und einengen. Grenzen vereinfachen, kategorisieren und verleiten uns dazu, zu reagieren, ohne zu überlegen. In der Natur aber ist alles ein Fließen, ein Prozess, der keine Grenzen kennt. Unsere Karten können bestenfalls eine Annäherung sein und uns sagen, dass die Dinge hier anders sind als dort drüben. Wenn wir die Welt, in der wir umhergehen, Proben sammeln, vermessen und kartieren, wirklich verstehen wollen, müssen wir erst einmal begreifen, dass Grenzen nur eine andere Form der Fata Morgana sind.

Zerbrochenes Gestein

DIE FRAGE, was sich vor fast zwei Milliarden Jahren in der Nordre-Strømfjord-Scherzone abgespielt hat, tanzte durch jeden wachen Moment. Befand sich hier irgendwo in den Felsen, über die wir liefen, der Kontaktpunkt, an dem die zwei Kontinente zuerst aufeinandergestoßen waren? Woran würden wir das überhaupt erkennen? Oder war es völlig abwegig, zu glauben, dass sich hier Landmassen ineinander verkeilt hatten? Eine völlig falsche Interpretation der Erdgeschichte? Und wie passten, davon abgesehen, die Scherzonen oder Parallelgürtel in das Narrativ? Wir hatten am Nordrand der Scherzone wichtige Beobachtungen gemacht und harte Fakten gesammelt, aber uns fehlte noch der Kontext für ein vollständiges Bild.

Zur Entspannung spazierten wir ab und zu über die Hügel und Strände nahe unserem Camp. Wir gingen gemächlich, nur zum Spaß, redeten und guckten. Wir konnten ja jederzeit wiederkommen, wenn wir irgendetwas entdecken sollten, und nahmen daher nur das Notwendigste mit, damit wir eventuell einen Blick unter die Oberfläche werfen konnten, Hammer, Lupe und Notizbuch.

An einem Spätnachmittag wenige Tage nach unserer Ankunft liefen wir an der Küste entlang landeinwärts. Vor uns erstreckte sich kilometerweit ein uns noch unbekannter Landstrich, und wir dachten, bei so einem Spaziergang könnten wir uns gut mit den Details und Strukturen vertraut machen.

Wir waren kaum losgegangen, da entdeckte John schon einen spektakulären »Stängelgneis«, wie wir ihn nannten. Es handelte sich um dasselbe magmatische Gestein, das Kalsbeek und seine Mitarbeiter auf eine Kollisionszone oder »Sutur« hatte schließen lassen. Doch hier waren die fein texturierten, abgekühlten Magmakörper stängelförmig verschmiert, gedehnt und in die Länge gezogen. Die Kristalle, die normalerweise gleichkörnig und nur knapp einen Zentimeter groß sind, waren wie straffe Schnurstücke auseinandergezogen und bildeten dünne, meterlange Schnüre, die exakt parallel zu ihren Nachbarschnüren ausgerichtet waren: der Beweis für eine extreme Scherung. Wir machten Bilder und Notizen und konnten damit einen weiteren faktengesättigten Pflock in den Boden rammen. Nun stellte sich allerdings noch die Frage, ob die Stängel in der gesamten Scherzone zu finden waren oder nur lokale Bedeutung hatten. Verwundert liefen wir weiter und fragten uns, was wir wohl an der nächsten Landzunge finden würden.

Wir folgten weiter der Küste, und schon nach ein paar Hundert Metern stießen wir auf eine kleine, seltsame Felswand: Ihre verschwommenen dunklen Linien fügten sich zu einem Muster, das aussah wie übereinandergestapelte, leicht luftleere, in sich zusammenfallende Fußbälle. Wir studierten den Fels Zentimeter für Zentimeter, konnten uns aber einfach keinen Reim darauf machen, obwohl wir diskutierten, stritten und in unserem Gedächtnis nach jeder noch so entfernten Theorie kramten. Sofort aufgefallen war uns allerdings, dass der Fels aussah, als wären dort jede Menge Tränen geflossen – als hätte die Erde aus unsichtbaren Augen geweint.

Eher widerwillig fanden wir uns schließlich damit ab, dass wir wohl vor einer deformierten, vielleicht fünfundvierzig Meter langen und fünfzehn Meter breiten Scheibe eines Vulkangesteins namens Kissenbasalt standen, das sich bei Lavaausbrüchen im Ozean bildet. Anders als die Gesteine ringsum, die von komplexen mehrfachen Falt- und Scherprozessen erzählten, war der Kissenbasalt das Ergebnis einer eher simplen Geschichte: Die Lava eines alten Ozeanbodens war metamorph umgewandelt und nur einmal gefaltet worden. Die Gesteinsscheibe war eine Linse, die in die wesentlich stärker deformierten Gneise und Schiefer der Scherzone eingebettet war. Der Kontrast zwischen beiden hätte augenfälliger nicht sein können.

Wenn das tatsächlich stimmte, hatte das schwindelerregende Folgen. Zwischen Kontinenten liegen normalerweise Ozeanbecken von der Größe des Mittelmeers oder Atlantiks. Wenn sich die Kontinente annähern, taucht der dazwischenliegende Ozeanboden ab, und entlang der Linie, an der er abtaucht, liegt irgendwann, wenn die Kontinente schließlich aufeinanderstoßen, die Kollisionszone. Die Kollisionen wirken mit ihren Mahlkräften noch Dutzende Millionen Jahre weiter und scheiden nach und nach geschert, verzogene und umkristallisierte Gesteine aus: die Sedimente und den Kissenbasalt des einstigen Ozeanbodens. Gebirge wie die Alpen sind aus solchen »Wurzelzonen« hervorgegangen. Wenn der gefaltete Kissenbasaltstapel, den wir gerade entdeckt hatten, wirklich das letzte Überbleibsel eines längst verschwundenen Ozeanbeckens war, dann hatten wir die Kollisionszone gefunden. Von einem wahrscheinlich einst Tausende Kilometer breiten Ozean wäre dann nichts als diese schmale Scheibe geblieben. Sollten wir wirklich über den Ozean gestolpert sein, den Kalsbeek und seine Kollegen schon vor fünfzehn Jahren hier vermutet hatten?

Wir waren begeistert, blieben aber skeptisch. Wir alle hatten uns schon mal aufgrund einer Beobachtung oder von ein paar Fakten die grandiosesten Theorien ausgemalt, die bei genauerem Hinsehen schnell in sich zusammengefallen waren. Wir bezweifelten einerseits, dass ein einziger Fels ein ausreichender Beleg für einen alten Ozeanboden sein konnte, hielten unseren Fund aber auch nicht für unerheblich.

Wenige Tage später trafen wir einen Kilometer weiter landauswärts auf eine andere kleine Gesteinsscheibe, die uns dieselbe simple Geschichte wie der Kissenbasalt erzählte. Sie bestand allerdings aus einem anderen Gestein, aus Peridotit, dem Ausgangsgestein von Basaltlava. Was wir hier sahen, hing für jeden Geologen eindeutig mit einem Lavaausbruch am Ozeanboden zusammen.

Auch wenn es damit wahrscheinlicher wurde, dass wir wirklich über die Kollisionszone gestolpert waren, reichten zwei Felsen als Beweis für einen solchen Rückschluss nicht aus. Die Geschichte der Gebirgssysteme ist lang und wird in vielen Kapiteln erzählt; ein Fels kann bestenfalls der Absatz eines Kapitels sein. Wir waren wie Altertumswissenschaftler, die alte Texte entziffern, deren Sprache sie kaum kennen. Doch auf jeden Fall hatten wir Neues entdeckt. Wir waren auf gewaltige Deformations- und Bewegungsvorgänge gestoßen, bei denen ein ganzes Ozeanbecken abgetaucht sein musste. Und bislang hatte noch niemand die Kollisionszone hier vermutet. Angesichts der Stängelgneise und der beiden Felsen, die wir neu entdeckt hatten, konnten John und Kai sich bestätigt fühlen.

Die beiden waren zweifellos zufrieden, auch wenn sie das nicht sagten. Sie analysierten weiterhin sorgfältig alles, was wir sahen, doch ihre Gereiztheit war verschwunden. In der vermuteten Scherzone entdeckten wir noch viele weitere Stängelgneise und konnten damit belegen, dass dort überall hochgradige Deformationen stattgefunden haben mussten. Allerdings verkomplizierten die beiden Scheiben, der mögliche Ozeanboden im Gesteinsgürtel, die Geschichte erheblich. Dass es in der Scherzone allem Anschein nach Ozeankruste gab und die Scherzone mithin auch die Kollisionszone war, überraschte uns.

Wenn die vermutlichen Ozeanbodenbasalte tektonisch von Bedeutung waren, dann musste es an anderen Stellen weitere gleichaltrige Felsen mit derselben Geschichte geben. Wir schlugen unsere Zelte darum einige Kilometer weiter westwärts vom Kissenbasalt auf. Unser Camp lag nun, an genauso ausgerichteten Gesteinen, am Ataneq Fjord, an einem Platz ohne jede geologische Daten.

Eines Tages fuhren wir, bei strahlendem Sonnenschein

und sanfter Brise, von unserem Lager aus kilometerweit landeinwärts, fast bis zum Ende des Fjords. Die Luft war frisch, und vielleicht dachten wir deshalb, dass wir heute etwas Wichtiges entdecken würden. Wir glitten ruhig dahin, tundrageschmückte Höhen und Täler und flache, wellige Hügel zogen gleichmütig an uns vorbei.

Nach einigen Kilometern nahmen wir Kurs auf das Nordufer, um die Felsen dort abzugehen. Die Ebbe hatte einen kieseligen Sandstrand freigelegt. John wendete und stellte den Motor ab. Das Boot glitt auf den Sand, ich sprang heraus und befestigte die Leine an ein paar Steinen. Mit Gesteinshämmern und Rucksäcken machten wir uns landeinwärts auf. Schon bald blieb ich fasziniert vor einigen ungewöhnlichen Felsen stehen, die von dünnen Adern einst geschmolzener Magma durchzogen waren. Ich wollte Proben nehmen. Da Kai und John kein Interesse zeigten, sagte ich, sie könnten ruhig weitergehen. Ich käme später nach.

Ich brauchte vielleicht zehn Minuten, dann ging ich am Ufer weiter und genoss den einsamen Spaziergang in der späten Morgensonne. Neben mir schwappten kleine Wellen ans Ufer. Die leichte Brise machte das Mückennetz überflüssig. Es war so warm, dass ich beinah den Anorak ausgezogen hätte.

Nach einer Weile stand ich vor einem glitzernden Felsvorsprung, der sich wie eine weiße Wand von dem Kieselstrand abhob. Der Fels war von hauchdünnen, mit bloßem Auge kaum sichtbaren weißen Sillimanit-Kristallfäden durchzogen, die fast parallel und wellenförmig verliefen.

Das Weiß war zudem mit golfballgroßen tiefroten Granaten übersät, und dazwischen waren Glimmer und schwarzer Grafit verstreut, die in der Sonne glitzerten, sodass das Gestein aussah wie sich bewegendes, kräuselndes Wasser. Einen Moment lang hatte ich den Eindruck, als würde ich im Museum das Meisterwerk eines genialen Künstlers betrachten. Ich strich mit der Hand über den Fels, spürte die Granatbrocken auf der Haut und hatte unweigerlich das Gefühl, als begehe ich ein Sakrileg.

Doch beim Anblick von Granatbrocken, glänzenden weißen Kristallfäden und übergriffigen Fingern machte sich in mir auch eine gewisse Selbstironie breit. Vor mir, in der warmen Sonne, lagen Felsen und Kristalle von außergewöhnlicher Schönheit, die in dieser riesigen Wildnis vielleicht nie wieder jemand betrachten und berühren würde. Und die eigentlich nichts waren als alltäglicher Fels. Nur die Gedanken eines schwachen Gehirns, das eine schmutzige Hand steuerte, verliehen dem nackten Gestein Schönheit.

Die Minerale glänzten im Sonnenlicht, aber die plätschernden Wellen und die sanfte Brise interessierten sich nicht für die faszinierenden, funkelnden Muster. Ich nahm die Kamera aus dem Rucksack, zögerte einen Moment und steckte sie wieder ein. Was hatte das für einen Sinn? Es ging mir ja um das Gefühl an diesem Ort, um die hingebungsvolle Verbundenheit mit der Ehrfurcht gebietenden Felswand aus fernen Erdzeitaltern. Dann kam mir der Gedanke, dass alles hier gleichrangig war: Es gab keine Hierarchien, alles war ebenso schön wie nicht schön. Der Wert einer Sache bemisst sich danach, wie knapp sie ist und wie gern man sich von anderen abheben will. Doch das eine wie das andere war hier bedeutungslos.

Als ich über den Kieselstrand spazierte, hörte ich nichts als das Plätschern der Wellen und das Knirschen meiner Schuhe. So sah mein Sehnsuchtsort aus: um mich herum nichts als die Einsamkeit der Wildnis. Aus Sonnenlicht, blauem Fjord und gemustertem Gestein rieselte das kostbare Geschenk des Alleinseins. Ich liebte solche Orte, seit ich denken konnte. Als Junge fand ich im einsamen Herumstreifen durch die Hügel nahe unserem Haus Zuflucht vor Mobbing und Ablehnung. Wenn ich das sonnenwarme Gras roch, die Insekten summen hörte oder plötzlich eine Schlange im Gebüsch verschwinden sah, lösten sich die Frustrationen in nichts auf. Wenn ich in einem gekräuselten Blatt einen Marienkäfer entdeckte oder am einsamen Strand einen Sandkrebs ausbuddelte, wurde meine Fantasie beflügelt. So wie jetzt beim Anblick der weißen Felswand.

Kurze Zeit später holte ich Kai und John ein. Kai, der Hauptverantwortliche für unsere Aufzeichnungen, schrieb gerade in sein Notizbuch und benetzte dabei ab und zu die Grafitspitze seines Bleistiftstummels mit der Zunge. In der linken Hemdtasche steckten weitere Stummel; Bleistiftstummel waren seine liebsten Zeichen- und Schreibutensilien. Ich habe nie herausbekommen, wo er sie alle herhatte, aber er hatte immer welche dabei. In der anderen Hemdtasche steckte der Spitzer.

Aufgeregt fragte ich, ob sie den kleinen Fels aus Granat-

Sillimanit-Schiefer gesehen hätten. Kai antwortete nur nebenbei und zeigte mir die entsprechende Notiz in seinem Heft.

Dann fragte er: »Hast du die grünliche Felslinse ein paar Hundert Meter davor gesehen? Wahrscheinlich ist sie ultramafisch.«

Ich strengte mein Gehirn an, musste dann aber zugeben, dass ich sie nicht gesehen hatte.

»Du willst mich doch an der Nase nehmen. Das musst du dir einfach ansehen. John hält sie für sehr bedeutsam.« Mir meine Fehler vorzuhalten war ein beliebter Zeitvertreib der beiden.

»Auf den Arm nehmen«, korrigierte ich. Kai liebte Redewendungen, verwendete sie aber in der Fremdsprache ab und zu mal falsch.

Als ich loslief, rief John, ein hervorragender Feldgeologe, hinter mir her, ich sähe selbst aus wie eine tektonische Peridotitscheibe.

Ich fand die Stelle sofort. An einem nackten Felssims, der ein wenig über den Fjord vorsprang, lag die Linse offen zutage. Die gelblich grüne Felsmasse war etwa zwei Meter breit und sechs Meter lang, von abwechselnd hellen und dunklen Schichten umgeben und leicht zu sehen.

Es handelte sich tatsächlich um Peridotit. Doch normalerweise gab es in Sedimenten, was die granatreichen Gesteine hier ursprünglich waren, keine Peridotite. Dass beide Gesteine hier nebeneinander vorkamen, setzte starke tektonische Kräfte voraus. Ein Beweis mehr also für die These vom »verschwundenen Ozean«.

Als ich über den Fels kletterte und mir Textur und Minerale im Detail anschaute, fiel mir eine Gesteinsschicht besonders ins Auge. Sie war ungefähr fünfzehn Zentimeter breit, fast schwarz, lag ungefähr einen Meter von der ultramafischen Linse entfernt und war perfekt parallel zu dieser ausgerichtet. Anscheinend enthielt sie auch Granate, aber die waren zu winzig, um sie wirklich zuverlässig zu bestimmen. Daher musste ich eine Probe nehmen.

Jeder von uns hatte zwei Gesteinshämmer dabei. Einen leichten für die meisten Gesteine und einen zwei bis drei Kilo schweren Vorschlaghammer für besonders hartes Gestein. Die schwarze Schicht stand einige Zentimeter weit vor, widerstand also offenbar den Erosionskräften und wirkte überaus dicht. Ich nahm also den Vorschlaghammer.

Ich habe schon auf viele Gesteine auf der ganzen Welt eingeschlagen, aber dieses hier gehörte zweifellos zu den härtesten. Bei jedem Hieb klirrte und klingelte der Stahlhammer und prallte wieder zurück. Ich schlug kräftiger und kräftiger und befürchtete schon, dass der Holzgriff splittern würde. Doch irgendwann bildete sich ein Haarriss, wurde mit jedem Schlag größer, und schließlich konnte ich mit schmerzenden Händen eine vielleicht faustgroße Probe herausbrechen.

Sie war ungewöhnlich dicht. Die frische, feinkörnige und kompakte Oberfläche glitzerte wie Glasscherben. Ich nahm die Lupe heraus und hielt die Probe nah vor mich, um mir die Mineralogie genauer anzusehen. Auf einmal roch ich etwas, wie nach versengtem Haar, heiß gewordenem Metall oder Wüstenstaub. Erstaunt ließ ich die Lupe sinken und atmete tief ein. Kein Zweifel: Der Geruch stieg von der frischen, funkelnden Fläche auf.

Meine Hammerschläge hatten die chemischen Verbindungen im Gestein aufgebrochen. Winzige Kristalle waren gerissen, Korngrenzen zertrennt, ein sehr dichter Fels zerbrochen. Nach über zwei Milliarden Jahren waren die Atome und Moleküle des Kristallgefüges erstmals der Luft und den wärmenden Strahlen der arktischen Sonne ausgesetzt.

Heimatlos und gebrochen, traten die submikronen Partikel und anorganischen Moleküle aus und tanzten, der Choreografie der sanften Brise gehorchend, einen unsichtbaren Tanz. Einige schwebten weiter, erreichten mein Gesicht, die Sinnesorgane meiner Atemwege und riefen in mir unerwartete, unerklärliche Empfindungen hervor: Zerbrochenes Gestein sollte an versengtes Haar erinnern? An heiß gewordenes Metall? An Wüstenstaub?

Das Gestein, zerbrochen durch einen von Neugier motivierten Gewaltakt, entließ Kohlenstoff-, Calcium- und Magnesiumatome in die Welt. Alles, was das Gestein ausmachte und normalerweise erst nach einer quälend langsamen Erosion die Ozeane erreicht, wurde unerwartet in den Wind geworfen. Die Atome dieser Gesteinsschicht stammten von Molekülen, die Leben erst ermöglichen: Alles von Natrium bis Selen wurde in die Luft geschleudert. Auch das verknäulte Netzwerk aus Neuronen und Synapsen, durch das unsere Vorstellungen und Gedanken fließen, wird von diesen Elementen gespeist. Das Gestein, an dem ich roch, enthielt in seinen Atomen schon die potenzielle Fähigkeit zum Träumen.

Welche Form die Atome und Moleküle nun annehmen würden, blieb ein unergründliches Geheimnis – und in jedem Fall nur ein winziger Abschnitt einer langen, ewigen Reise. Einmal freigesetzt, würden sie zum Teil von etwas Neuem werden, von etwas, das vollkommen anders war als ihr bisheriges mineralisches Gefüge. Der zerstörerische Akt der Probenentnahme war ein, wenn auch völlig unbedeutender Befreiungs- und Schöpfungsakt, eine ungewollte, unbedarfte Störung der Zukunft.

Ich nahm die Probe, kennzeichnete sie mit »468 416« und machte einige Fotos. Schließlich zog ich mein GPS-Gerät hervor, notierte in meinem Notizbuch den Standort sowie einige Beobachtungen und verstaute alles wieder im Rucksack. Damals konnte ich noch nicht ahnen, dass die Laboranalysen dieser kleinen Probe unsere Vorstellungen von der Geschichte dieser alten Gesteine einmal über den Haufen werfen würden.

Flechten

IN GRÖNLAND gibt es Flechten in Hülle und Fülle. Oberhalb der Gezeitenlinie ist jeder freiliegende Fels mit farbigen Flechtenflecken, Flechtenklecksen oder Flechtenmatten überzogen. Durch jedes Stück Tundra fädeln sich Flechten. Ihre enorme Verbreitung verdanken sie einer überaus schwierigen Lebensgemeinschaft aus einem oder mehreren Pilzen, den sogenannten Mykobionten, und einem Fotosynthese treibenden Partner. Flechten sind ebenso widerstandsfähige wie hübsche Mischwesen.

Es gibt viele Flechtenarten, doch weil mein Auge an Mineralen und Gesteinen geschult ist und nicht an dem, was darauf wächst, habe ich nur wenige erkannt. Sie können hellgrün, leuchtend orange oder rötlichbraun sein und verweben sich zu völlig freien, fantasievollen Kompositionen: ein zartes Hintergrundmuster, in den harten Fels getrieben. Teppiche und Polster, Schmuck und Dekor locken einen mit ihrer sinnenbetörenden Fülle in geheime Welten. Wenn man mit dem Gesicht nah am Boden liegt, die Augen weit aufgerissen, stellt man sich unweigerlich die Dramen winziger Käfer vor, die durch flechtengesäumte Säle trippeln.

Die Flechten können für den Sorglosen allerdings auch zur Gefahr werden. Eine Flechte sticht da besonders hervor. In trockenem Zustand sind ihre gekräuselten schwarzen

Plättchen extrem brüchig. Tritt man darauf, zerfallen die Fransenränder mit einem Knacken zu Staub, berührt man sie, schneiden einem die Kanten ins Fleisch. In nassem Zustand ist die Flechte dagegen wie Schleim. Schon an nieseligen Tagen saugt sie sich voll Wasser und wird zur glitschigen Matte, auf der man unweigerlich ausrutscht und fällt. Als wir eines Tages an einem Felsufer an Land gingen, nahm ich die Leine und wollte gerade vom Schlauchboot springen, als John, noch lauter als der Außenbordmotor, schrie: »Pass auf! Die Flechten sind glitschig!«

Ich passte auf, suchte mir die ebenste Stelle mit dem wenigsten Schleim und sprang so sacht wie möglich an Land. Trotzdem rutschte ich sofort aus, landete äußerst unsanft und verrenkte mir die Schulter. Die nächsten drei Tage überstand ich nur mit reichlich Aspirin.

Flechten sind auch eine Art Markierung, weil sie nur sehr langsam wachsen. Ein Millimeter pro Jahr ist schon viel, und in einer arktischen Umgebung wie hier kann es noch sehr viel weniger sein.

Eines Tages legten wir, bei trockenem, sonnigem Wetter, an der Südküste des Fjords an, an einem Gneis-Felsen, der zum Ufer hin sanft abfiel. Wir waren auf der Suche nach der Verbindung zwischen zwei Gesteinsarten, die wir am Vortag weiter oben am Fjord gefunden hatten, und oberhalb der Gezeitenzone war alles voller, vor allem schwarzer, Flechten. Wir streiften umher, machten Notizen und entdeckten plötzlich Flechten, aus denen jemand etwas, wie Umrissbilder, herausgekratzt hatte: Wir lasen Namen und

Jahreszahlen. Das jüngste Datum war 1960, das älteste 1943, aber weil sich ihre Umrisse kaum verändert hatten, waren sie auch nach Jahrzehnten noch gut lesbar. Die Flechten konnten nicht viel mehr als 0,025 Millimeter pro Jahr gewachsen sein.

Cladonia rangiferina wächst allerdings schneller. Die Flechte ist weißlich, mit kleinen, verzweigten Ästchen und steht gern tellerförmig leicht vom Fels ab. Sie war mir schon aufgefallen, als wir das Camp aufgebaut hatten. Ich hatte John gefragt, wie sie heißt. Er war, was diese Landschaft anging, ein wandelndes Lexikon, auch wenn er sich manches wohl einfach nur ausdachte. Unter anderem hatte er mir erklärt, wie man an Steinansammlungen und bestimmten Gräsern, die gern auf Ruderalböden wachsen, alte Lagerplätze erkennt. »Echte Rentierflechte«, sagte er, sie sei nämlich die Hauptnahrung des in Westgrönland heimischen Barrenground-Karibus, und tatsächlich spazierte eines frühen Morgens ein Exemplar durch unser Camp.

Ein paar Tage später, nachdem wir viel im Boot gesessen und uns kaum bewegt hatten, machte ich mich allein zu einem Spaziergang auf. Ich lief an dem Bach entlang, in dem wir normalerweise badeten und der weiter oben aus einem See entsprang. Wie mir die Karten und Luftaufnahmen zeigten, war es einer von drei Seen, die hintereinander lagen und schließlich am Inlandeis endeten. Einer speiste den nächsten, jeder wurde zum Auffangbecken für das schmelzende Eis.

Ich ging über Uferwiesen mit weiß leuchtenden Wollgras-Büscheln, die wie verzauberte Wächter im sanften Wind hin- und herwehten. Seesaiblinge, zwischen einem halben und bald einem Meter groß, jagten am Boden des flachen Wassers, schossen von Versteck zu Versteck, von Stein zu Stein. Wäre ich zum Angeln hier, wir hätten heute gut gegessen.

Die Sonne schien durch dünne Wolken, es ging ein leichter Wind. Als ich an dem See ankam, war es kühl geworden, das Wasser kräuselte sich. Ich setzte mich auf einen Stein, vergrub die behandschuhten Hände in den Jackentaschen und beobachtete in der gigantischen Stille eine Weile einfach See und Fische.

Die erhabene Einsamkeit dieser Landschaft war einfach überwältigend. Vollkommen ungestört in dieser Stille zu sitzen, umgeben von nichts als freier Natur, war ein beeindruckendes Erlebnis. Das Leben hier hatte seinen eigenen Rhythmus; Gesteine, Boden, Pflanzen rahmten eine Landschaft ein, die nicht vom Menschen gestaltet war. Ihr einziger Zuschauer war ich, vorübergehender Zeuge der flüchtigen Verkörperung fließender Prozesse, die vor Jahrmilliarden, mit Anbeginn der Welt, in Gang gesetzt worden waren. Was ich sah, war, was diese Urkraft auf ihrem Weg in die Zukunft bis jetzt geschaffen hatte, die vergänglichen, aber konkreten Wirklichkeiten, die zufällig und ohne endgültiges Ziel aus dem Meer der Möglichkeiten aufgetaucht waren.

Zum ersten Mal in meinem Leben verstand ich, soweit das überhaupt möglich ist, wie zutiefst unverständlich uns diese Welt bleiben muss. Nichts davon existiert ohne die übrigen Teile des Ganzen, und das Ganze ist das gesamte Universum, mitsamt seiner langen Geschichte. In der Stille dieses arktischen Tals lag eine Verkörperung des Ganzen vor mir.

Eigentlich gibt es keine Zeit. Vergangenheit und Zukunft entstehen allein durch das eingreifende Gehirn, das Dinge betrachtet, Veränderungen ausmacht und festhält, Flora und Fauna bestimmt und so tut, als wären die Arten auch zeitlich fein säuberlich voneinander getrennt, obwohl sie eigentlich einem stetigen, stürmischen Wandel unterworfen sind. Als flüchtige, erfinderische und individuell einzigartige Arten sind sie Teil eines unteilbaren Ganzen. Auch der Mensch ist nur ein weiteres Experiment, und weil es von einem Etwas unternommen wurde, das so unermesslich viel größer ist als wir, ist der Ausgang des Experiments völlig unerheblich.

Doch trotz ihrer allumfassenden Einsamkeit war diese Welt voller Schönheit. Ihre Harmonie und Unverbrauchtheit waren faszinierend. Alle Farben, Formen, Strukturen und Texturen waren vollkommen miteinander im Einklang. Und abgesehen von groben Kategorien wie Gestein, Wasser, Luft, Kälte gab es hier nichts, was mir vertraut war. Mit jedem Blick wurde das Begriffsvermögen von Neuem auf die Probe gestellt.

Einsamkeit und Kälte nötigten mich schließlich, aufzustehen. Ich ließ den Blick noch einmal über die Landschaft schweifen und überlegte, wie ich Kai und John davon berichten könnte, merkte aber schnell, dass mir die Worte dafür fehlten.

Um Zeit zu sparen und neues Terrain zu erkunden, ging ich nicht am Bach zurück, sondern querfeldein. Der See wurde von einer etwa fünfhundert Meter breiten, relativ ebenen Rampe eingerahmt, auf der man bequem gehen konnte. Einmal wenigstens musste ich nicht ständig schauen, wo ich hintrat.

Unterwegs durchquerte ich einen vielleicht zweihundert Meter langen Geländestreifen mit etwa ein Meter breiten und ein paar Zentimeter hohen Bodennoppen: Palsas. Die kleinen Bodenerhebungen bilden sich, wenn Grundwasser dauerhaft gefriert und sich nach oben ausdehnt, und sind für Permafrostgebiete typisch, wo auch die ähnlichen, größeren Pingos entstehen. An den Palsarändern entdeckte ich Steinansammlungen, die aus dem Boden hochgedrückt worden waren.

Ich lief im Zickzackkurs über die Palsas, hielt Ausschau nach Rissen, in denen ich das darunterliegende Eis erblicken konnte, oder ging durch die kleinen, steinübersäten Vertiefungen an den Palsarändern. Es kam mir vor, als bewege ich mich durch ein Labyrinth; ich stellte mir vor, wie unbekannte Seelen hier einst mystische Tänze und Gesänge aufgeführt hatten und an diesem Ort ohne Zeit nun darauf warteten, das wieder jemand an sie glaubt.

Doch während ich weiterlief, kam mir irgendetwas seltsam vor, etwas passte nicht. Und dann wusste ich es: Die Steine waren hell, keiner einziger war schwarz gefleckt oder gestreift wie die Gneise und Schiefer hier sonst.

Sie verdankten ihre Farbe einer Flechte der Gattung *Umbilicaria*. Die Steine waren so dicht davon überzogen, wie wir es noch nirgendwo gesehen hatten. Vergeblich überlegte ich, warum. Dann kam mir der Gedanke, dass die Rentiere auf Wanderschaft hier ausgiebig schlemmen konnten. Die Natur hatte quasi ein Buffet voller endloser Flechtenköstlichkeiten aufgebaut. Und das war jetzt auch meine Chance, endlich herauszufinden, was ich da verpasst hatte. Wie schmecken Flechten eigentlich?

Vorsichtig nahm ich ein kleines Büschel der filigranen Ästchen hoch, säuberte es vom Sand und biss ab: etwas zäh und ledrig, aber nicht hart. Es ließ sich gut essen. Es schmeckte ein wenig wie Béchamelsauce oder Grießbrei, nicht besonders raffiniert oder würzig, aber wunderbar cremig. Keine hochgezüchtete, eine einfache, simple Gaumenfreude. Ich schluckte den Bissen herunter, nahm noch einen und noch einen und noch einen. Ich wollte wissen, wie das Rentier-Grundnahrungsmittel schmeckte.

Und auf einmal stiegen Kindheitserinnerungen in mir auf: an Mahlzeiten in Südkalifornien, in unserem Häuschen neben dem Zitronenhain, an den sorgfältig arrangierten Blumenstrauß auf dem Tisch, das Tischtuch mit den verwaschenen Szenen amerikanischer Pioniere, das Glas Milch in meiner Hand, an meinen Vater neben mir, der aus einem Topf das Essen verteilte. Verblüfft und verwirrt hörte ich auf zu kauen und überließ mich den längst vergessen geglaubten Kindheitserinnerungen. Die Flechten als Zeitmaschine.

Sollte es etwa eine gemeinsame Schnittmenge zwischen meinen Sinneseindrücken und Erinnerungen und denen des Rentiers geben?

Auf den Gedanken, auch von anderen Flechten zu kosten, kam ich nicht. Leider. Wie gern würde ich wissen, wie die Welt schmeckt, die das Gestein umhüllt.

Der Falke

EINES TAGES kauerte ich windgeschützt an dem massiven Gipfelfelsen eines westwärts verlaufenden Bergkamms, etwa fünfundzwanzig Kilometer vom Inlandeis entfernt. Es blies ein kalter Nordwind; wie eine unaufhaltsame Eisenbahn stampfte er aus der Arktis heran. Ich war hier, um unsere sich langsam entwickelnde Geschichte mit weiteren Details anzureichern.

Der Bergrücken lag an der Südküste des Arfersiorfik Fjords, und ich konnte nach allen Seiten kilometerweit schauen. Zwei Meter neben mir stürzte eine Steilklippe mindestens zweihundert Meter in die Tiefe, zu ihren Füßen eine riesige Schutthalde. Felsbrocken und Steine, die aus der Wand gebrochen waren, bildeten einen steilen Geröllhang, der bis zum Fjordufer reichte. Der Bergkamm zog sich in beide Richtungen kilometerweit dahin und verlor dabei Hunderte an Höhenmetern, ein welliger Gebirgszug, der die Landschaft prägte. Wenn ich südwärts blickte, lag fast hundert Kilometer weit eine typisch grönländische Topografie vor mir: sanfte Höhen und Täler, steile Felswände und kleine Seen, in eine tundraverhüllte und mit Felsbrocken übersäte Erdoberfläche gemeißelt. Die Haut der Erde war faltenreich – zerfurchte Ellenbogen, Lachfältchen, hochgezogene Augenbrauen – und atmete die Weisheit und Geduld eines Landstrichs, der manches erlebt hat und wissend schweigt.

Die dunkelgrauen, südwärts rasenden Wolken hingen so tief, dass ich ihre Unterseite beinah berühren konnte. Sie drückten eine dünne, regennasse Luftschicht gegen die Wasser-Landgrenze.

Im Norden hinter der Felsklippe wurde die Szenerie vom Fjord dominiert, der mit seiner gewaltigen Präsenz die Stelle definierte, wo sich Ozean- und Schmelzwasser mischen. Als ich nach unten schaute, konnte ich das Schlauchboot, in dem Kai und John die Küste vermaßen, kaum erkennen. Nur noch ein winziger Punkt auf einer riesigen grauen, fließenden Fläche verband mich mit der Menschheit. Auf der anderen Seite vom Fjord sah die Landschaft aus wie hier.

Das Inlandeis bildete unvermeidlich den weißen Horizont im Osten; wie die schwerfällige Schildwache eines uralten Landes dominierte es die Welt. Selbst hier oben auf dem Gipfel stand ich noch Hunderte Meter tiefer als der höchste Gletscherpunkt. Bis vor siebentausend Jahren hatte sich das Eis sogar noch weiter erstreckt als bis hier, wo ich jetzt stand. Alles, was ich sah, war darunter begraben gewesen. Seitdem zog sich das Eis zurück; es schmolz und entließ aus seinem eisernen Griff Felsen jeder Größe. Mein schützender Fels vor dem eisigen, feuchten Wind gehörte auch dazu.

Kai und John hatten mich an einer Stelle abgesetzt, von wo aus ich den Bergkamm leicht überqueren konnte, um dann weiter landeinwärts Gesteinsproben zu nehmen und zu vermessen. Wir wollten klären, ob sich eine bestimmte Gesteinsart auch noch so weit im Westen fand. Damit würden wir wissen, wie weit eine der von uns kartierten Störungen reichte. Ich sollte mich vom Ufer aus südwärts halten, den Bergkamm überqueren und auf der anderen Seite in ein großes Tal absteigen. Dort würde ich das Gelände etwa acht Kilometer weit systematisch im Zickzackkurs erkunden, um die entsprechenden Beobachtungen zu machen. Anschließend würde ich über den Bergkamm zur Küste zurückkehren, wo mich die beiden am Spätnachmittag in einer kleinen Sandbucht weiter hinten am Fjord wieder abholen würden.

Allein durch diese endlose, ursprüngliche Wildnis zu laufen, vom Menschen vermutlich vollkommen unberührtes Land zu betreten, zu sehen, was noch kein menschliches Auge gesehen hatte, sich in einer Welt jenseits aller Vorstellungskraft zu bewegen und immer wieder Überraschendes zu entdecken, war für mich der Himmel auf Erden.

Der Aufstieg zum Kamm war lang und mühsam gewesen. Die Kletterei vom Fjord über die Geröllhalde am Fuß des Bergs hatte ihren Tribut gefordert: Schienbeine und Fingerknöchel waren zerschrammt und blutig. Das chaotische Feld aus Felsbrocken und Steinen, manche autogroß, andere faustklein, war mit einem unebenen Teppich aus Flechten, Moosen, Gräsern und Blumen bedeckt. Unter der weichen, welligen, seit Jahrtausenden ungestört wachsenden Vegetation versteckten sich mitunter hüfthohe Spalten. Ich konnte nur raten, wo ich am besten hintreten sollte. Würde ich mir hier ein Bein brechen, würden Kai und John frühestens am Nachmittag, wenn ich nicht wie verabredet auftauchte, nach mir suchen. Der Gedanke, endlos in der Kälte ausharren zu müssen, ließ mich vorsichtig sein. Darum suchte ich nach Anzeichen, die mir verrieten, wo ich aufsetzen sollte, achtete auf winzige Dellen im dumpfen Grün, auf Form und Schräge des nächsten bloßen Felsens oder das Gitterwerk teils sichtbarer Höhlen. Doch blieb mir meist trotzdem nichts anderes übrig, als zu raten. Beim Springen von Fels zu Fels landete ich unweigerlich schon bald in einem verdeckten Spalt, kletterte wieder heraus, rieb mir die zerschrammten Schienbeine, atmete tief durch und machte genauso weiter. Für anderes hatte ich keine Zeit.

Jedenfalls werde ich niemals vergessen, wie sich das Moos anfühlte. Zuerst hatte ich noch Handschuhe getragen und nichts gespürt. Doch auf halbem Weg über das Geröllfeld steckte ich wieder einmal hüfthoch in einem Spalt und ruhte mich kurz aus, um durchzuatmen. Genau auf Augenhöhe vor mir lag ein vielleicht fünfzig Zentimeter großer moosbedeckter Felsbrocken, der aussah, als habe jemand einen grünen Schleier über ihn und die umliegenden Steine drapiert. Unter dem Fels hatte sich eine kleine Höhle gebildet, sodass die felsige Unterseite sichtbar war. Die Kombination aus schwarz-weißem Gestein, grünsamtenem Moos und frischer Luft verführte mich dazu, einen Handschuh auszuziehen und über das Moos zu streichen. Es fühlte sich überraschend üppig an, wie ein exquisiter, zentimeterdicker, plüschiger Samt. Als ich aus dem Spalt geklettert war und weiterging, trat ich fast mit schlechtem Gewissen auf die grüne Schönheit.

In etwa dreihundert Meter Höhe traf der Schuttkegel auf den Felshang. Der nackte Fels ragte aus dem Geröllgewirr und stieg in steilen, schmalen Stufen bis zum Bergkamm an. Der Aufstieg war relativ leicht, und ich war bald oben.

Als ich den Gipfel erreichte, war es, so vermutete ich, gegen Mittag. Ich aß schnell etwas – Büchsensardinen, Käse, altes Roggenbrot, Rosinen und Schokolade – und trank ein paar Schluck Wasser. Der imposante Felsen, neben dem ich kauerte, war einer von vielen, die das vom Eis blank polierte Gestein übersäten. Vom eisigen Wind lief mir die Nase, die Augen tränten. Was ich aus dem Rucksack holte, musste ich mit Steinen sichern, damit es nicht zu Tal geweht wurde.

Als ich gegessen und alles wieder im Rucksack verstaut hatte, näherte ich mich der Felskante. Ich wollte im stürmischen Wind stehen und die endlos weite Aussicht genießen, die kalte, pure Wildnis spüren, die so präsent war, weil alles andere fehlte. Ich breitete die Arme aus, der Wind sollte überall auf meinen Körper hämmern. Doch die Kälte war stärker als ich. Ich ließ die Arme wieder sinken, steckte die behandschuhten Hände in die Jackentaschen und schaute einfach in die Ferne.

Einen Moment lang wurde die so vollkommene Landschaft in ihrer Behäbigkeit und Beständigkeit von nichts gestört. Trotz des brüllenden Winds sah ich eine ruhende Welt, steinern, still und reglos. Doch dann entdeckte ich am Rand meines Blickfelds, wo der weiße Eisschild war, einen kleinen schwarzen Punkt, der nicht hierherzugehören schien und sich bewegte. Ich wandte leicht den Kopf, um zu sehen, ob da wirklich etwas war.

Kurz hatte ich Schwierigkeiten, den Punkt zu lokalisieren, doch dann wurde er zu einem kaum erkennbaren Fleck, der sich knapp über dem Kamm bewegte und auf den starken Aufwinden am Felshang dahinglitt. Er bewegte sich schnell und stieg in meine Richtung auf. Ehe ich noch einen klaren Gedanken fassen konnte, war er schon auf meiner Höhe und schoss wie eine Rakete auf mich zu. Noch ein paar Meter, und er würde mich am Kopf treffen.

Da erkannte ich, dass es ein kleiner Wanderfalke war, die Flügel eng am Körper, nichts als Anspannung und Aufmerksamkeit, eigentlich kaum mehr als ein gefiedertes Geschoss: Aerodynamik in Vollendung. Mithilfe der unsichtbaren Strömungen schwebte er über dem Kamm dahin. Die Flügel bewegte er kaum, gerade nur so viel, dass er auch bei wechselndem Wind den sicheren Abstand zum Fels wahrte.

Als der Zusammenstoß unvermeidbar schien, trat ich einen Schritt zurück und ging ihm aus dem Weg. Da kippte auf einmal die Zeit – wie stets, wenn uns das Unerwartete trifft. Alle Bewegungen, Gedanken und Eindrücke wirkten plötzlich kristallklar. Die Sekunden und Sekundenbruchteile zogen sich in die Länge. Ich sah alles unglaublich scharf.

Der Falke flatterte, legte den Kopf zurück und riss die schwarzen Augen auf. Scheinbar reglos stand er in der Luft und starrte mich aus weniger als zehn Metern Entfernung an.

Dann legte er mit einer eleganten Bewegung die Flügel wieder an seinen kraftvollen Körper, änderte leicht den

Kurs und schoss im Wind davon. Während er mit unbekanntem Ziel davonflog, drehte er den Kopf noch zweimal nach mir um, als wolle er sich vergewissern, dass das, was er glaubte, gesehen zu haben, wirklich da war. Ich hörte seine Flügel im Wind leise zischen und brausen.

Wir können nicht wissen, wie der Vogel die kurze Begegnung erlebte. Vermutlich flog er in dem starken Aufwind aufmerksam und hoch konzentriert, die Abstände zwischen sich und der Felswand beständig abschätzend, ein fernes Ziel vor Augen. Die auf dem Bergkamm verstreuten Felsen waren für ihn nur Formen und Schatten, die in der Landschaft an ihm vorbeizogen, bis einer der Felsen sich plötzlich bewegte. Hier oben auf dem Berggipfel hatte er keinen Menschen erwartet.

Einem Wanderfalken überraschend und zufällig aus so großer Nähe zu begegnen, wäre überall sonst unvorstellbar. Aufregung und Schrecken durchfluteten mich, als ich realisierte, dass ich wohl nie wieder so eindringlich erleben würde, was Wildnis wirklich bedeutet.

Alles, was wir erleben, ist eigentlich immer nur abgewandelte Realität, ein eingefärbtes Bruchstück der Wirklichkeit. Wenn wir einem Ort oder einer Vorstellung zum ersten Mal begegnen – ob Landschaft, Vogelgesang oder Moosteppich –, verbinden sie sich in unserem Kopf unweigerlich mit Bezeichnungen und emotionalen Eindrücken aus unserer Erinnerung. Es entstehen neue Erinnerungen, mit denen wir dann unsere nächsten Erfahrungen abgleichen. Je mehr Erfahrungen wir also in unserem Gedächtnis aufbewahren, desto eher wird das neue Erlebnis damit übereinstimmen und desto besser kennen wir die Welt.

Sind also alle unsere Erfahrungen nur relativ? Ist alles, worüber ich nachdenke oder mich wundere, nichts als eine Collage aus bereits Gesehenem und Empfundenem? Wenn das stimmt, dann schränkt die Vergangenheit auch meine Vorstellungskraft ein. Genau darum sind neue Erfahrungen, die nicht zu unseren Erinnerungen passen, ein Geschenk. Sie bereichern die Schatztruhe, aus deren gesammelten Farben, Geräuschen, Gerüchen, Gefühlen und tieferen Bedeutungen wir uns bedienen. Neue Erlebnisse machen künftige Erfahrungen reicher und schöner.

Wildnis ist eine neue Erfahrung.

IMPRESSIONEN II

Angesichts der allgemein akzeptierten rationalen, wissenschaftlichen Betrachtung des Landes werden esoterische Einsichten und Spekulationen oft verdunkelt, und was verloren ist, ist tiefgründig. Das Land ist wie Poesie: Es ist auf unerklärbare Weise eine Einheit, es ist transzendent in seinem Sinn, und es hat die Kraft, die Bedeutung der Menschheit zu heben.

BARRY LOPEZ

WIR VERDANKEN unser Leben dem Wasser, das sich auf seinem Weg zum Meer in Kristallgitter einschleicht und erfolgreich mit den Elementen kommuniziert, die sich darin befinden. Wasser beflügelt die Vereinigung und Paarung: Elemente werden leichter zu Molekülen und Moleküle leichter zum momentan komplexestmöglichen Gebilde. Doch Wasser beflügelt auch Zerfall und Auflösung. Ebenso zuverlässig wie Wasser den Umbau von Gesteinen befördert, werden sie dadurch zersetzt.

Auch der Mensch ist durch diesen endlosen Umbauprozess entstanden. Und als Folge unserer Biologie aus Versuch und Irrtum leben wir in einer Illusion. Wir sehen nur eine verarmte Wirklichkeit. Doch die ursprüngliche Wildnis kann uns unsere Vorurteile und Missverständnisse durch winzige Offenbarungen vor Augen führen.

FESTIGUNG

Wenn wir uns etwas herausgreifen, bemerken wir, dass es mit allem anderen im Universum zusammenhängt.

JOHN MUIR

Die Sonnenwand

SÜDLICH VON unserem Camp und ein wenig landeinwärts erhob sich eine majestätische Felswand. Gemächlich floss der Fjord über Kilometer südöstlich an dem gigantischen Vorbau entlang, um erst dann wieder direkten Kurs auf das Inlandeis zu nehmen. Die beinah dreihundert Meter hohe Felswand beherrschte die Welt, in der wir unsere Zelte aufgeschlagen hatten.

Im Sommer zieht die Sonne träge ihre Bahn. Selbst um Mitternacht geht sie im Norden nicht unter, und mittags steigt sie im Süden nur vierzig Grad über den Horizont. Durch die tief stehende Sonne sind die Schatten beeindruckend; während die Sonne am Himmel kreist, verwandelt alles auf Erden beständig sein Antlitz.

Meine Zeltöffnung ging nach Westen, sodass ich vom Zelt aus kilometerweit über den Fjord schauen konnte. Wenn ich das Zelt morgens verließ, lag die Felswand links hinter mir. Morgen für Morgen drehte ich mich um, um zu sehen, wie das Wetter an diesem Tag werden würde. Natürlich konnte ich das nicht wirklich erkennen – das Wetter in der hohen Arktis ist bekanntlich launisch –, doch der Anblick des felsigen Bollwerks im Morgenlicht war wie eine Vorahnung auf den Tag, die mich bis zum Abend begleitete.

An klaren Tagen stand die Morgensonne tief im Nordosten; sie hing knapp über dem weißen Gletschereis und stieg dann langsam über Stunden am Himmel auf. Die Felswand wurde folglich nur von hinten beleuchtet und lag im Schatten, schwarz, kontrastarm und gleichförmig. Dahinter strahlte ein blauer Himmel, und davor erstreckte sich ein noch blaueres Gewässer.

Wenn es Mittag wurde, zeigten sich im schrägen Sonnenlicht erste Details. Schlote, Rinnen, Simse und Felsnasen traten in verschiedensten Schattierungen hervor, die Textur, die am Morgen noch fehlte. Gegen Abend veränderten sich dann Lage und Ausdehnung der Schatten. An der Felswand tauchten Farben auf: Zähe Pflanzen krallten sich in Rissen und Fugen fest. Tundratäler züngelten an den Bergflanken hoch, in Rost und Sand, mit grünen und grauen Laubblatt-Tupfern.

Man hatte unweigerlich das Gefühl, ein Gemälde zu betrachten, das von der Sonne Zentimeter für Zentimeter immer wieder neu gemalt wurde.

Doch nicht immer schien die Sonne. Einmal hatten wir eine lange Fahrt über den Fjord geplant. Doch als wir morgens aus den Zelten kamen, war es bewölkt, es wehte ein scharfer, kühler Wind, und im Fjord kräuselten sich die Wellen. Wir planten also um und entschieden, uns lieber die Geologie an einem kleinen Meeresarm nahe unserem Camp anzuschauen, einen Bereich am Nordrand der Scherzone, den wir noch nicht erkundet hatten.

Wir fuhren los, und in einer kleinen Bucht fiel Kai ein

Fels auf, der knapp über der Gezeitenlinie eine ungewöhnliche grauweiß-grüne Bänderung aufwies. John lenkte unser Boot vorsichtig durchs flache Wasser ans Ufer. Wir legten an, befestigten die Bootsleine an einem Stein und liefen über den Strand zu dem Fels, auf den Kai zeigte. Erstaunt entdeckten wir dünne Lagen aus Marmor und Sillimanitschiefer sowie carbonat- und silikatreiche Gesteine. Offensichtlich standen wir vor den Sedimenten flacher, warmer Küstengewässer, in denen winzige Einzeller gut gedeihen. Wären wir vor Jahrmilliarden hier gewesen, als diese Küsten von den Gezeiten ausgewaschen wurden, hätten wir im klaren, schimmernden Wasser der kleinen Bucht vermutlich ein Bad nehmen können.

Weil die Gesteine tief ins Erdinnere abgetaucht und bei Hunderten Hitzegraden gekocht worden waren, waren sie rekristallisiert: Aus Kalkstein war Marmor, aus Schlamm und Sand waren grüne Gneise und Schiefer geworden. Wie tief die Gesteine versenkt gewesen waren, wussten wir nicht, aber die Minerale, die wir gefunden hatten, entstanden erst ab fünfzehn Kilometer Tiefe. Wir hatten also einen weiteren Beleg für einen alten Ozean und die zugehörige Suturzone gefunden.

Gegen Mittag klarte es auf, und der Wind ließ nach. Es wurde ein wenig wärmer, wir machten eine Pause und kehrten erst am Nachmittag hochzufrieden zum Camp zurück.

Wir legten an unserer Bucht an, luden Proben und Ausrüstung aus, eilten ins Küchenzelt und verbrachten den restlichen Nachmittag mit Schreiben. Auf der einen Seite des Zelts nahm sich John seine mitgebrachten Unterlagen vor und machte sich Randnotizen. Ihm gegenüber schrieb ich die Kritzeleien aus meinem Feldbuch noch mal ab, damit ich sie später lesen konnte. Meine Handschrift hatte schon immer zu wünschen übrig gelassen. Kai bereitete neben dem Zelteingang das Abendessen zu. In einer Pfanne über dem Gaskocher brutzelten Zwiebeln und Butter.

Mittlerweile stützten unsere Daten immer stärker die These, dass es in diesem Gebiet, wie von John und Kai ursprünglich angenommen, zu starken Gesteinsdeformationen gekommen war. Die Stängelgneise, die John gleich zu Anfang nahe unserem Camp entdeckt hatte, waren offenbar kilometerweit in der Scherzone verbreitet, und sie zeugten zweifelsfrei von einer außergewöhnlichen Scherung bei hohen Temperaturen. Ebenso ließen die Linsen aus Kissenbasalt und ultramafischem Gestein darauf schließen, dass Hunderte oder Tausende Kilometer alter Ozeanboden zerstückelt und in dünne Scheiben geschnitten worden waren, was ebenso erhebliche Verschiebungs- und Verformungsprozesse voraussetzte. Und all diese Gesteine lagen genau in der Scherzone.

Doch gleichzeitig war die neue Datenlage erheblich komplexer als erwartet. Ohne Zweifel handelte es sich um eine Deformationszone, doch die überlieferten Bruchstücke des Ozeanbodens ließen auf Prozesse schließen, bei denen ein ganzes Ozeanbecken bis auf die paar von uns gefundenen Scheibchen vollständig zerstört worden war. Auch die Sedimente, die wir gerade in der kleinen Bucht entdeckt hatten, legten nahe, dass hier ein Kontinentalrand gelegen hatte. Und nur etwas über einen Kilometer von hier fanden sich magmatische Reste andenähnlicher Vulkane, die in einer Zone entstanden sein mussten, in der Ozeankruste abgetaucht war. Wenn wir unsere Daten schlüssig erklären wollten, mussten wir davon ausgehen, dass wir unser Camp durch einen glücklichen Umstand in der von Kalsbeek und seinen Mitarbeitern angenommenen Kollisionszone aufgeschlagen hatten. Damit war die Scherzone, in der John und Kai gearbeitet hatten, tektonisch allerdings noch wesentlich bedeutsamer als gedacht. Dann lag hier die Suturzone zweier Kontinente, die vor 1800 Millionen Jahren kollidiert waren. Diese Vermutung hatten auch John und Kai in keiner ihrer Arbeiten aufgestellt.

Ich bin durch puren Zufall Geologe geworden. Ich wuchs an der Südküste Kaliforniens auf, und Wellenreiten war mein Leben. Auf der Highschool schwänzte ich den Unterricht, weil ich lieber surfen ging, und war fast in allen Fächern schlecht. Immer wieder musste ich nachsitzen, mehrfach wurde ich von der Schule verwiesen, aber der Ruf der Wellen war einfach stärker als ich. Ich konnte der Versuchung nicht widerstehen, mich voller Unbekümmertheit der Ungewissheit der Wellen hinzugeben. Auf dem Board stehend die nächste Welle, Erfolg oder Misserfolg, abzuschätzen, war Abenteuer und Mutprobe zugleich, und nie wusste man, wie es ausgehen würde.

Nach der Highschool entschied ich mich für ein College, das noch weiter südlich an der Küste lag und Vorlesungen in Meereskunde anbot. Ich war davon überzeugt, dass ich irgendwie nebenbei studieren und die meiste Zeit mit

Bottom Turns, Hang Tens und gigantischen Wellenfahrten verbringen würde.

Doch Meereskunde war an der Uni ein Masterstudiengang, für den man erst einmal Biologie, Chemie, Geologie oder Physik im Bachelor studieren musste. Nur widerwillig entschied ich mich für Geologie.

Ich schleppte mich also zu irgendeiner Vorlesung, die ich dann nicht ertrug, wechselte zur nächsten und so fort. Doch eines Tages nahm ich an einem Feldpflichtseminar teil, bei dem der Professor überraschend und ungeplant an einem Fels haltmachte. Vermutlich hatte er gemerkt, dass sich unter den Studenten Langeweile breitmachte. Wir mussten aussteigen und zuhören.

»Ich will Ihnen einmal zeigen, worum es in der Geologie geht«, sagte er und zeigte auf ein schwarzes Mineral in der kristallinen Felswand am Straßenrand. Minutenlang redete er über das Mineral, nannte den Namen, erläuterte die chemische Zusammensetzung, dann zeigte er auf ein anderes Mineral und fuhr damit fort. Fünf Minerale später erzählte er uns dann eine Geschichte, die uns alle überraschte. Wo wir standen, sagte er, habe sich vor fünfundsechzig Millionen Jahren und in fünfzehn Kilometer Tiefe der Mittelpunkt einer geschmolzenen Gesteinskammer befunden. Er erklärte uns, wie sie entstanden, durch welche Vulkane sie gespeist worden war und wie sie sich, einmal abgekühlt und erstarrt, weiterentwickelt hatte. Ich hörte gebannt zu. Plötzlich lag die Erde wie eine mittelalterliche Handschrift vor mir, mit feinster Kalligrafie und kunstvollen Verzierungen, die ich aber kaum verstand. Die Gesteine bargen gewaltige

Geheimnisse, sie erzählten die Geschichten unserer Anfänge und der gesammelten Störfälle, denen wir unser Dasein verdankten. Mit einem Mal war meine Welt eine andere geworden.

Während wir noch saßen und uns unterhielten, wehte vom Hunderte Meter höher gelegenen »Gipfel« des Eisschilds ein leichter Föhnwind herüber und zerrte sacht am Zelt. Die niedrig stehende Abendsonne färbte den Zeltstoff orange und tauchte unsere kleine Küche in warmes Licht.

Doch auf einmal waren Sonne und Föhn ohne jede Vorwarnung verschwunden. Wir witzelten noch, dass es jetzt aber kühl würde. Dann drehte der Wind auf West, wehte erst sanft und kräuselte den Zeltstoff, und nur drei Minuten später trommelten Windböen aufs Zelt. Die Zelttüren klatschten, die Zeltwände wurden nach unten und gegen unsere Köpfe gedrückt. Kai schaltete den Gaskocher aus. Wortlos ließen wir Notizhefte und Stifte fallen und rannten nach draußen, um zu sehen, was los war.

Der Fjord hatte sich in einen grauschwarzen Mahlstrom aus rasenden Wellen und platzenden Schaumkronen verwandelt. Auf dem kabbeligen Wasser lagen lange, weiße, perfekt gerade Schaumschlieren. Der Wind zerrte an allem, was er zu packen bekam, brüllte und heulte. Wenn er uns nicht umwerfen sollte, mussten wir uns dagegenlehnen.

Schließlich wandte ich den Blick vom Wasser ab und schaute, wie sonst morgens, zur Felswand. Der Kampf, dessen Zeuge ich wurde, war gewaltiger als alles, was ich je erlebt hatte.

Der Wind heulte vom Meer her durch den Fjord und stürmte frontal auf den massiven Vorbau zu. Er knallte gegen den Fels und fand keinen anderen Ausweg, als nach oben auszuweichen. Dabei kondensierte die dünne Luft zu Wolkenschlangen. Senkrechte, Dutzende Meter lange, weiße Luftschlangen blähten sich auf, jagten die Felswand hoch und hüllten sie ein. Wenn sie den Felskamm erreicht hatten, eilten sie weiter landeinwärts. Kilometerlange Wolkenfinger bogen sich an der Felskante aufwärts und sausten mit unglaublicher Geschwindigkeit dem Inlandeis entgegen.

Plötzlich rief John mit Panik in der Stimme: »Das Boot!«

Ich blickte zu der kleinen Bucht, wo wir angelegt hatten, und sah die Katastrophe kommen.

John hatte sich wegen der starken Gezeiten ein geniales Ankersystem ausgedacht. An Stränden mit weniger Tidenhub hätten wir das Boot einfach weiter oben auf den Strand ziehen und es dort verzurren können. Doch hier reichte das nicht. Der Tidenhub lag bei dreieinhalb Metern, und bei Flut wurde der Strand überschwemmt. Darum hatte John etwa dreißig Meter weiter draußen einen Anker mit Boje ausgelegt und an der Boje sowie an einem Fels am Strand eine Talje befestigt. Mithilfe eines Taus, das durch die beiden Taljen lief, konnten wir das Boot vom Strand aus an Bug und Heck sichern und dann so lange am Tau ziehen, bis das Boot mit einem gewissen Abstand im Wasser lag. Morgens holten wir es dann einfach wieder herein. Das Boot lag also bei Ebbe und Flut im Wasser, ohne gegen die Felsen zu schlagen.

Doch jetzt sahen wir vom Camp aus, wie der Sturm das Boot erfasste und mitsamt Anker in einem weiten Bogen in Richtung Küste schleuderte. Das Boot bewegte sich geradewegs auf einen zerklüfteten, vorstehenden Felsen zu. Auch wenn wir Flickmaterial dabeihatten, würde es nicht für ein völlig aufgerissenes Boot reichen, und wir würden keinen Ersatz kriegen. Und ohne das Boot würden wir nicht arbeiten können, weil wir völlig immobil wären. Wir würden einen ganzen Sommer verlieren und könnten erst im nächsten Jahr weitermachen. Wir hatten nur eine Chance: das Boot an Land zu holen, und dafür blieb uns verdammt wenig Zeit.

John rannte, so schnell er konnte, zum Kieselstrand hinunter. Kai und ich taten es ihm nach. Wir erreichten alle gleichzeitig den Felsvorsprung am Strand und kletterten einer nach dem anderen nach unten. John sprintete über die Kiesel und griff nach dem Tau. Zu dritt zogen wir daran. Doch bei jedem Ziehen raste das Boot – aus unerfindlichen Gründen, die irgendwo in der physikalischen Kräfteanordnung liegen mussten – noch schneller auf die Felsen zu. Wir hörten auf damit, um zu sehen, wo das Problem lag. Währenddessen steuerte das Boot weiter auf den Fels zu. Uns blieben nur noch Sekunden, aber wir wussten nicht, was wir sonst tun sollten. Es schien hoffnungslos, uns fehlte eindeutig die Zeit, genügend Tau einzuholen, um das Boot vor den Felsen zu retten.

»Wir haben keine Wahl!«, schrie Kai. »Weiterziehen!«

Wieder griffen wir nach dem Tau und zogen, diesmal ohne jede Hoffnung.

Wir kämpften, zerrten mit aller Kraft an dem Tau und warteten darauf, dass das Unglück geschah. Doch als das Boot gerade gegen den ersten zerklüfteten Felsen schlagen wollte, flaute der Wind ab. Plötzlich lag das Boot ruhig im Wasser und trieb langsam mit der Strömung zur Boje zurück. Nach wenigen Minuten hatte sich der Sturm zur Gänze gelegt, es wehte wieder ein leichter Föhn, und die Sonne schien.

Erleichtert setzte John den Anker, und Kai und ich kehrten zum Zelt zurück. Im Gehen wandte ich mich noch einmal zur Felswand um. Sie war von wolkenverschleierten Sonnenstrahlen umhüllt. Auch wenn die Schatten kamen und gingen, an diesem Spätnachmittag leuchtete ihr Antlitz.

Der Autor bei der Erforschung der
Scherzone an der Küste des Arfersiorfik Fjords

3,3 Milliarden Jahre alte gefaltete Gneise am östlichen
Ende der Insel Tunertoq

Zerrissene Schicht von 3,3 Milliarden Jahre alten schwarzen Gneisen, eingefasst in einen einstigen Strom aus heißem, zähflüssigem Gestein, am östlichen Ende der Insel Tunertoq

Schmelzwasserfluss aus dem Eis, Quellgebiet im Flusstal des Akullinguit Kuussua

Vom Inlandeis geformte Felsrücken südlich des Nordre Isortoq Fjords

Gipfelgrat am Nordre Isortoq Fjord

Bergwand am Nordre Isortoq Fjord

Wasseroberfläche am Arfersiorfik Fjord, mit Blick nach Westen

John Korstgård (links) und Kai Sørensen (rechts) im Schlauchboot,
unterwegs zur nächsten Entdeckung

Späte Nachmittagssonne über dem Arfersiorfik Fjord,
Blick aus meinem Zelt

Küstenparadies am Akuliarusseq (Eqalussiut) Fjord,
nach Osten gesehen

Die Landschaft südlich von Aasiaat, gesehen aus einem Helikopter in etwa 500 Meter Höhe, Blick nach Westen

Rand der Eisdecke, mit Blick nach Norden auf den Anarsuaq-Rücken

Die Festeisgrenze des Usulluup Sermia-Gletschers am oberen Ende des Arfersiorfik Fjords

Die Eisdecke von einem nördlich des Maligiaata Tasia-Sees gelegenen Bergrücken aus gesehen, mit Blick nach Osten über den Arfersiorfik Fjord hin zum Orlerfik Fjord

Gneise am Ostufer des Orlerfik Fjords, Blick nach Südwesten

© der Fotos: S. 1, 14, 16 John Korstgård / Alle anderen William Glassley

Vogelschreie und Mythen

AN JENEM TAG arbeiteten wir an der Südküste des Arfersiorfik Fjords und suchten in ziemlicher Entfernung vom Kissenbasalt und dem Felsen, der nach versengtem Haar roch, nach weiteren Belegen für den alten Ozeanboden. Wir waren mit unserem Boot so weit nach Westen gefahren, wie es ging, wenn noch genug Zeit und Treibstoff für die Rückfahrt bleiben sollten.

Es war ein klarer Tag, wärmer als sonst, mit einer sachten Brise von Norden. Hinter uns lag ein produktiver Morgen, wir hatten ein paar gute Proben, die Vermessungsdaten zur Gesteinstextur in unseren Feldbüchern und sogar ein paar Hinweise auf die metamorphe Umwandlungsgeschichte, nach der wir suchten. Wir hatten eine Pause verdient und entschieden uns für eine kleine, felsgeschützte Bucht, wo wir schnell etwas essen wollten. John lenkte das Schlauchboot in Richtung Strand, gab noch einmal kurz Gas, dann stellte er den Motor ab und zog an der Pinne. Als das Boot über Sand und Kiesel knirschte, sprangen Kai und ich heraus. John zerrte das Boot so weit den Strand hinauf, dass die auflaufende Flut es nicht erreichen würde, und zurrte es fest.

Wir fanden ein paar sonnenwarme Steine, nahmen die Rucksäcke ab und setzten uns. Während wir an Räucherhering und Roggenbrot knabberten und Kaffee aus der Thermoskanne tranken, über unsere Funde und darüber redeten, was wir uns weiter westwärts noch ansehen wollten, kam Wind auf, ein starker Nachmittagswind aus Nordost. Der Fjord kräuselte sich, auf dem Rückweg würden wir mühsam gegen die Strömung fahren müssen. Wir entschieden uns daher, zur Nordküste hinüberzuwechseln, wo Hügel und Felsen vor Wind schützten. Dort wartete außerdem noch viel unvermessene Geologie auf uns; wir würden noch ein paar weiße Flecken auf unserer Karte mit Daten füllen können. Wir kürzten das Mittagessen ab, verstauten alles wieder in die Rucksäcke, kletterten flugs über das Geröll zum Strand runter und legten ab.

Als Erstes interessierte uns ein rätselhafter weißer Fleck auf einer Luftaufnahme, die wir als Planungsgrundlage benutzten. Auf dem Foto, das vor Jahrzehnten aus sechstausend Meter Höhe aufgenommen worden war, sah man, fast wie einen Kartenfehler, ein weißes, gleichförmiges, knapp einen Kilometer breites Gebiet, das nur durch eine schmale Halbinsel vom Fjord getrennt war. Offensichtlich gab es vom Fjord her einen schmalen Wasserzufluss, zudem ringsherum steile Felsen, aber ansonsten war nicht ersichtlich, was dort wohl war. Das strahlende Weiß hob sich deutlich ab von dem es umgebenden stumpfen Grau und Schwarz, von Tundra, Gewässern und Gneisen.

Weil langsam die Flut kam, nahmen wir Kurs auf eine Stelle am Nordufer, die etwa einen halben Kilometer hinter dem Wasserzufluss lag, um so mit der auflaufenden Flut gemächlich zurückfahren zu können.

Um die drei Kilometer über den Fjord zurückzulegen, brauchten wir gegen die Strömung von fünf Knoten ungefähr zwanzig Minuten. Angestrengt hielten wir Ausschau nach der weißen Fläche, die in Küstennähe liegen musste, doch ein schmaler Fels lag genau in unserem Blickfeld. Als wir das Nordufer erreichten, wendete John und ließ das Boot mit der Flut zurücktreiben. Als was würde sich der weiße Fleck wohl entpuppen? Die Spannung wuchs von Minute zu Minute.

Nach etwa hundert Meter Fahrt auf dem Wasserzufluss lag der Fels, der uns den Blick versperrte, hinter uns und wir hatten freie Sicht. Unmittelbar am Ufer ragte ein flacher, etwa zehn Meter breiter und fünfzig Meter langer Gneis-Sockel wie eine Sandbank etwa dreißig Zentimeter aus dem langsam steigenden Wasser. Beständig von salziger Ebbe und Flut um- und überspült, war er vollkommen blank gewaschen. Die Luftaufnahme der schmalen Halbinsel musste bei einem wesentlich niedrigeren Wasserstand gemacht worden sein. Wir fuhren näher heran.

Der strukturlose weiße Fleck entpuppte sich als großflächiges Watt aus sehr feinem Schlick, umgeben von einem breiten weißen Strand und Steilklippen aus feinem hellen Sand und Silt. Die Felsen teilten sich in Sedimente, in Ablagerungen von Flüssen, die vor Jahrtausenden unter dem Eisschild hervorgerauscht waren. Ihrem Aussehen nach zu urteilen – die Böschungsschichten waren meterhoch mit mattweißem Silt bedeckt –, mussten die alten Gewässer als breites Delta in den eiskalten Fjord geströmt sein. Während die jetzige Gletscherfront fünfundsechzig Kilometer weiter landeinwärts lag, konnte das Eis zu der Zeit, als sich die weißen Sedimente als Delta abgelagert hatten, nicht einmal einen Kilometer weit entfernt gewesen sein. Auch das Watt bestand aus denselben Sedimenten, die seit dem Rückzug der Gletscher jahrtausendelang durch Ebbe, Flut und Regen überarbeitet und erneut abgelagert worden waren.

Auf dem weißen Watt war keine einzige Pflanze zu sehen: Nah am Fjord lag eine seltene arktische Wüste aus feinem Schlick, eine sterile Membran, die durch den Uferfelsen geschützt wurde. Bei Ebbe lag das Watt frei, der Schlick trocknete an und wurde gleichmäßig schmutzig weiß. Warum hier nichts wuchs, war klar: Die Gezeiten hielten den Schlick stets leicht salzig, und die ausgewaschenen Gletschersedimente enthielten keine Nährstoffe.

Ich ging quer über die schmale Halbinsel bis an den Sedimentrand und kniete mich hin. Der Boden war strukturlos und fast perfekt waagerecht, so glatt und eben, wie ein natürlicher Boden nur sein konnte. Er wurde nicht einmal zentimeterhoch vom Fjordwasser überspült, das langsam mit der Flut hereinkam. Das Wasser funkelte in der Nachmittagssonne, und der Himmel und die weißen Felsen spiegelten sich darin.

Da es nichts zu jagen oder sammeln gab, war hier vielleicht noch nie ein Mensch gewesen. In seiner Kargheit schien der Ort an eine Zeit vor Jahrmilliarden zu erinnern, als noch keine Landpflanzen wuchsen, als Berge, Täler und Ebenen nichts waren als Gestein und herumfliegender Sand. Und wo es nur Leben geben konnte, wenn es wassergesättigt hereingetragen und von flüssigem, fruchtbarem Schlamm bedeckt wurde.

Ich ging an dem felsigen Ufer entlang, um den Schlick herum, der in der Sonne trocknete. Mit seinem Glitzern, seiner Nässe und seiner fast weißen Färbung war er einfach zu verlockend. Ich kniete mich hin, bohrte vorsichtig einen Finger in den Schlick und fragte mich, wie tief er wohl reichte.

Ich beobachtete, wie sich meine Finger ein winziges Stückchen in den Boden bohrten, spürte aber komischerweise in dem feinen, nassen und gut an die Außentemperatur angepassten Schlick keinen Widerstand und auch sonst nichts. Als ich die Hand tiefer in den Boden drückte, war es, als glitten meine Finger durch eine Zauberwand in eine fremde, fantastische Welt.

Einen knappen Zentimeter unter dem lehmigen grauweißen Boden glitzerte flüssiger, organischer, dunkler Schlamm an meinen Fingern. Die schützende Lehmschicht war aufgebrochen, und dem darunter gedeihenden Leben entströmte der Schwefelgeruch einer komplexen, ursprünglichen Welt.

Schon vor drei Milliarden Jahren haben einzellige Lebensgemeinschaften Priele und Watt besiedelt. Das Leben bäumt sich gegen Widerstände auf, nichts setzt ihm Grenzen außer dem Angebot an Nährstoffen und Wasser. Das lehmige Watt schützte die fragilen organischen Moleküle vor der ionisierenden UV-Strahlung und speicherte die Feuchtigkeit, die der Chemismus des Lebens brauchte. Die Gezeiten gaben, was sie nahmen. Die Sonne sorgte für die notwendige Wärme. Vor mir im stillen Schlick lag das kärgliche Zuhause, aus dem auch wir entstanden sind.

Fünfhundert Meter weiter maßen John und Kai die Streich- und Fallwerte der farbigen Schichten, aus denen der Gneis bestand; sie bestimmten das Gefüge eines Gesteins, das wesentlich älter war als die Anfänge des Lebens. Ich ging zu ihnen hinüber. Von meinen Händen tropfte Schlick, der schnell trocknete.

Im selben Moment drehte sich Kai zu unserem Boot um und sagte: »Leute, wir sollten uns beeilen. Die Flut hebt das Boot an.« Ich griff nach meinem Hammer, nahm noch schnell eine Probe, kennzeichnete und verpackte sie und rannte zum Boot.

Als wir wieder über den Fjord fuhren, hörten wir durch das Motorbrüllen hindurch plötzlich ein seltsames Heulen. Weil wir es nicht einordnen konnten, ignorierten wir es zunächst. Doch es klang immer seltsamer, und irgendwann drosselte John den Motor, damit wir besser lauschen konnten.

Von der anderen Seite des Fjords, aus über drei Kilometer Entfernung, wehte eine schwermütige, herzzerreißende Melodie herüber, die sich bei genauem Hinhören in weiblichen symphonischen Chorgesang verwandelte.

Wir entschieden, der Sache nachzugehen, vielleicht war ein Fischerboot gesunken, Menschen waren gestrandet, oder es hatte sich eine andere Tragödie abgespielt. Wir wendeten und fuhren auf die andere Fjordseite zurück.

Nach kurzer Zeit veränderte sich das Geräusch. Zuerst erklang nur noch ab und zu ein Heulen, dann wurde es leiser. Schließlich hörten wir einzelne Schreie und Stakkato-Kreischen. Wir hielten wieder an und lauschten.

An der Südküste des Fjords erhob sich eine gewaltige, Hunderte Meter hohe Felswand aus dem Wasser. Sie lag gerade noch im Schatten. Zunächst sahen wir nichts als eine grau gemusterte Fläche. Erst als wir genauer hinguckten, erkannten wir Hunderte Möwen, die im Aufwind der Felsen ihre Kreise zogen. Eigentlich war die Felswand eine Möwenkolonie. Wahrscheinlich waren sie gestört worden, daher die lauten, anhaltenden Schreie. Wir wussten nicht, wovon, von einem Polarfuchs oder unserem Außenbordmotor?

Wir lachten über unsere eigene Dummheit und machten kehrt. Als wir wieder auf unserem ursprünglichen Kurs waren, begann das Heulen von Neuem. Wieder hörten wir die herzzerreißenden Hilfeschreie.

Das Ganze ließ sich leicht erklären. Über dem kühlen Fjord sammelt sich die kalte Luft in einer dichten, etwa einen Meter starken Luftschicht. Die Luft darüber ist jedoch wärmer und nicht so dicht. Weil die Schallgeschwindigkeit von Lufttemperatur und -dichte abhängt, werden die Schallwellen durch die Luftschichten gebrochen. Sie klingen verzerrt und verändern die Tonlage. Meistens sind die Verzerrungen allerdings so gering, dass man sie kaum bemerkt. Wenn jemand etwas sagt, versteht man es trotzdem. Doch unter bestimmten Bedingungen werden Schallwellen so stark gebrochen, dass sie völlig verzerrt klingen. Als wir in unserem kleinen Schlauchboot saßen und unsere Ohren in die kalte, dichte Luft hielten, schrien die Vögel aus über einem Kilometer Entfernung, und der sich ausbreitende Schall dehnte sich zu einer akustischen Fata Morgana.

Doch diese Erklärung ließ das Erlebte allzu trivial erscheinen. Als wir an der Küste entlang zum Camp zurückfuhren, fiel uns ein, dass wir wahrscheinlich ganz ähnlichen Klängen gelauscht hatten wie Odysseus vor über dreitausendzweihundert Jahren, als er sich, um den tödlichen Verlockungen der Sirenen nicht zu erliegen, am Schiffsmast festbinden ließ und seine Männer das Schiff nur dank Wachs in den Ohren auf Kurs hielten.

Wir hatten einen Ort unterhalb der sichtbaren Oberfläche betreten, an dem die Natur die Mythenbildung erleichtert. Bei unserem kleinen Abstecher am Fjord hatten wir eine durchlässige Membran gekreuzt.

Alpenschneehuhn

WENN MAN in der Wildnis gut mit seinen Mitmenschen auskommen will, bleibt einem ein Bad nicht erspart. Ein Bad in arktischen Gewässern belebt zweifellos, aber es ist Pflicht, kein Vergnügen. Aus zwei Gründen. Einmal ist das Wasser der zumeist gletschergespeisten Bäche und Seen eiskalt. Zweitens warten an klaren, angenehm sonnigen und windstillen Tagen, an denen man am liebsten baden würde, Hunderte oder gar Tausende Mücken nur darauf, über nacktes Fleisch herzufallen. Nur wenn ein kräftiger Wind weht, werden die Mücken ferngehalten, was das Eintauchen ins kühle Nass aber unglaublich schmerzhaft macht.

An einem Julitag mit grauem Himmel und leichter Brise schien mir endlich der richtige Moment gekommen. Tagelang hatte ich nicht gebadet, es wurde mal wieder Zeit. Ein paar Stunden schob ich die Sache noch vor mir her und hoffte, dass es wenigstens noch ein oder zwei Grad wärmer würde, doch schließlich war ich innerlich so weit gewappnet, dass ich mir Handtuch und Seife schnappte und loszog.

Der Bach mit dem Seesaibling lag weiter landeinwärts, etwa fünfhundert Meter vom Camp entfernt. Kurz bevor er sich in den Fjord ergoss, stürzte er durch eine schmale Felsrinne. Weiter oben reihten sich drei Seen aneinander, aus denen sich der Bach speiste. Der letzte grenzte unmittelbar ans Inlandeis. Der Weg zum Bach war ein Spaziergang, der nur wenige angsterfüllte Minuten dauerte.

Am Bach angekommen, suchte ich nach einem windgeschützten Becken. Schneller als erhofft, entdeckte ich an einer Bachbiegung die perfekte Stelle. Das Wasser stürzte dort in ein Auffangbecken, das gerade tief genug war, dass ich vollständig eintauchen, aber auch unter dem eisigen Wasserfall stehen konnte.

Ich atmete einmal tief durch, zog mich blitzschnell aus und hüpfte hinein. Zu sagen, dass mir die Kälte den Atem nahm, wäre untertrieben; mein Schrei war wahrscheinlich noch im Camp zu hören. Mich durchfuhr eine beißende Kältewelle, jeder Zentimeter meiner Haut brannte, ich zitterte und krümmte mich. Schnellstmöglich machte ich mich überall nass, seifte mich im Wind stehend ein und stellte mich zum Abseifen noch einmal unter den Wasserfall. Obwohl ich höchstens drei Minuten im Wasser war, fühlte es sich an wie Stunden.

Als ich herausgeklettert war, stand ich auf ein paar kippeligen Steinen und versuchte, mich in der Eiseskälte so schnell wie möglich abzutrocknen. Meine Haut war rot und brannte, das kratzige Handtuch schien das Wasser nur auf der Gänsehaut zu verteilen. Auf der Suche nach meinen Kleidungsstücken, die irgendwo in den Büschen lagen, stolperte ich und stieß mir die Zehen an, beim Anziehen waren Hände und Füße auf einmal schmerzhaft taub. Als ich endlich wieder angezogen war, fühlte ich mich wunderbar vor dem Wind geschützt.

Der Rückweg zum Camp führte zunächst über den Kieselstrand an der Bachmündung, dann über einen kleinen Fels zu der Tundrabank. Als ich so vor mich hin ging, stieg das belebende Gefühl sauberer Haut unter gut isolierender Kleidung in mir auf. Die Haut kribbelte noch immer von der Kälte, und ich nahm Licht, Luft und Gerüche mit geschärften Sinnen wahr. Es war, als hätte sich die Welt erneuert. Alles um mich herum schien ungewöhnlich frisch, lebhaft und von eindringlicher Präsenz.

Während ich halb gedankenverloren durch die Gräser und kurzstieligen Blumen des Tundrateppichs spazierte, breitete sich in mir ein Gefühl der Zugehörigkeit aus, als hieße mich der weite Raum willkommen. Das ängstliche Vorgefühl auf dem Weg zum Bad war verschwunden, alle Anspannung gewichen, ich spürte, wie sich die Muskeln entspannten.

Dann flatterte etwas durch mein Blickfeld. Erst ging ich weiter, ich wollte mich ungestört an diesem ruhigen Spaziergang erfreuen. Aber weil ich auch nichts verpassen wollte, drehte ich mich schließlich doch um und ging die paar Schritte zurück. Plötzlich tauchte etwa eineinhalb Meter vor mir, wie aus dem Nichts, ein Schneehuhnweibchen auf, so groß wie ein Haushuhn, und trippelte schnell weg. Nicht weit allerdings, nur einen halben Meter, dann ließ es sich wieder in der Tundra nieder und plusterte sich auf. Obwohl es fast vor meiner Nase saß, sah ich es nur, wenn ich genau hinschaute. Seine schwarze, hell- und dunkelbraune Zeichnung war perfekt auf die Färbung und Musterung der Vegetation abgestimmt, in der es hockte. Von dem optischen Spiel fasziniert, stand ich da, neigte, um besser zu sehen, den Kopf zur einen und anderen Seite, doch das Alpenschneehuhn blieb mit der Landschaft so gut wie verschmolzen.

Als ich einen Schritt nach links machte, um einen besseren Blickwinkel zu haben, bewegte sich einen Meter hinter dem Schneehuhn noch etwas. Ein winziges Küken schoss davon und verschwand zwischen Blattwerk. Dann tauchte dicht dahinter noch ein Küken auf und verkroch sich blitzschnell im Grün. Weil ich die Küken nicht verängstigen wollte, wich ich einen Schritt zurück, aber nun schreckte ich die Mutter auf. Sie rannte zu den Küken, und alle drei blieben wie erstarrt stehen. Zu meiner großen Überraschung entdeckte ich dort, wo die Mutter eben noch gehockt hatte, ein weiteres Küken. Die Mutter musste es unter die Fittiche genommen haben, war dann aber so unruhig geworden, dass sie aufsprang. Ich wich noch ein paar Schritte zurück und suchte nach weiteren Schneehühnern.

Ich ging auf Knie und Hände, legte mich langsam auf den Bauch und hoffte, gegen den Himmel vielleicht noch mehr Küken zu entdecken. Als sich mein Gesicht dem Boden näherte, wurde ich auf einmal von süßem Blumenduft überschwemmt. Knapp über dem Boden hüllte mich der Geruch Dutzender Blumen ein, die ich gar nicht bemerkt hatte: Alpensäuerling, Raues Läusekraut, Gegenblättriger Steinbrech, Alpensilberwurz und dazwischen Arktischer Mohn und Maiglöckchenheide. Ich war von einem botanischen Meer umflutet und trieb in einer überraschenden Welt.

Die Vögel waren einen Moment lang vergessen. Ich versuchte, die Düfte der verschiedenen Blumen herauszuriechen, doch das Duftgemisch war zu komplex. Die Düfte kamen und gingen, als würden sie sich, dem Willen einer sanften Brise unterworfen, als Bäche und Wellen über den Boden ergießen. Kein Wunder, dass die Hummeln meist unentwegt am Boden hin und her surrten; sie flogen geschäftig von Blüte zu Blüte. Sie orientierten sich an einer Duftkarte, und die Karte lag knapp über dem bewachsenen Boden. Die Duftfreuden flossen dort in Hülle und Fülle, und jeder Duft verriet eine andere heiß begehrte Blüte. Die organischen Signaturen, die wir als Duft wahrnehmen, mussten den Hummeln noch weit mehr bedeuten. Aber was?

Umhüllt von wunderbarem Blütenduft blickte ich mich wieder nach den Schneehühnern um und entdeckte hinter den beiden Küken, die ich vorher gesehen hatte, jetzt tatsächlich auch das dritte. Die Mutter bewachte die Brut und tat, was in ihrer Macht stand, um sie zu beschützen. Irgendwann hinkte sie sogar verzweifelt davon. Um den menschlichen Eindringling wegzulocken, spielte sie ihm einen gebrochenen Flügel und Beinverletzungen vor.

Ich war einfach in ihr Leben gestolpert und stellte eine beständige Bedrohung da. Schuldbewusst zog ich mich Schritt für Schritt zurück und musste dabei einsehen, dass die Schneehühner die Welt auf eine Weise kannten, die mir für immer verschlossen bleiben würde. Während wir dem Wind ausgesetzt sind, wird er dicht am Boden von Steinen, Felsen und Tundramatten im Zaum gehalten. Dort können sich die Düfte in aller Stille sammeln und mischen. Die Küken waren von Düften umhüllt, ihre Federn duftgetränkt, und in dieser Welt, der einzigen, die sie kannten, machten sie gerade ihre ersten Lebenserfahrungen.

Als ich aufstand, verschwanden die Düfte. Ich holte tief Luft, hoffte, noch etwas davon zu erhaschen, roch aber nichts mehr.

Offenbar spielt die Körpergröße doch eine Rolle. Die Welt ist nicht für uns allein gemacht. Wir besiedeln und erleben nur einen winzigen Teil von ihr. Evolutionär sind wir mehr oder weniger optimal an einen Raum angepasst, der etwa zwei Meter hoch und einen Meter breit ist. Da kennen wir uns aus. Andere Welten sind uns dagegen fremd: das Gewirr aus Tundrapflanzen und durchnässten Böden, der Formenkomplex unter dem Watt oder die chaotischen Luftströme, die den Falken tragen. Doch wenn wir diesen Welten keine Beachtung schenken, verkümmern und verdummen wir.

Die Wissenschaft kann uns einen gewissen Zugang dazu verschaffen, weil sie versucht, unter die sichtbare Oberfläche zu schauen und zu beschreiben, was sie dort entdeckt. Ehrgeizig, wie sie ist, hat sie uns gezeigt, dass es in allen Welten gleich welcher Größe Dinge gibt, die wir uns in unseren kühnsten Träumen nicht vorstellen könnten.

Aber sie kann nicht ersetzen, was der Mensch in solchen Welten erlebt, und auch nicht erklären, warum wir andere Welten überhaupt verstehen wollen. Unsere Neugier wird durch die sachliche, faktenreiche Beschreibung solcher Orte nur noch größer, und zugleich bleibt unsere unersättliche Neugier eins der größten Rätsel der Menschheit.

Klare Gewässer

DAS FELSGESTEIN, Rückgrat der Landschaft, formt unsere Wahrnehmung und lenkt den Wind. Es setzt der Flut Grenzen; auf ihm ruhen die Gletscher. Es ist undurchdringlich. Wenn wir mit klingendem Hammer Proben nehmen, fließt nichts heraus, und doch gibt es in seinem Kristallgerüst Wasser. Es stammt aus der Zeit, als das Gestein nicht viel mehr war als Schlamm am Ozeanboden. Wenn der Schlamm langsam absinkt und rekristallisiert, nehmen die Atomgitter der neuen Minerale systematisch Wassermoleküle auf, deren Zeit noch kommen wird.

Weil Grönland von zigtausend Fjorden durchschnitten und von endlos vielen Inseln und Schären gesäumt ist, ist seine Küstenlinie so lang wie der Erdumfang. Die Eiskappe, die den größten Teil des Landes bedeckt, enthält über zweieinhalb Millionen Kubikkilometer gefrorenes Wasser. Grönland wird vom Wasser beherrscht. Wenn man sich das vor Augen führt, eröffnen sich unerwartete Perspektiven. Unweigerlich stellt sich die Frage nach der Verwandtschaft zwischen Wasser und Gestein.

Die Fjordgewässer weit westlich der Eiskappe enthalten weder Silt noch Schlick. Sie sind kristallklar. Als ich vor Jahren das erste Mal nach Grönland reiste, wusste ich natürlich, dass das Land vom Meer bestimmt wird. Aber Wissen und Erleben sind völlig verschiedene Dinge.

Als ich an einem ungewöhnlich warmen Nachmittag dieser ersten Expedition über den flachen Bergrücken einer schmalen Halbinsel wanderte und nach unten blickte, sah ich etwa fünfhundert Meter unter mir eine kristallklare Bucht mit steinigem Strand. Zu beiden Seiten der Bucht fielen die Felswände beinah senkrecht ins Meer. Das Wasser in der Bucht war vielleicht fünf Meter tief und sonnendurchflutet. Meeresboden und Unterwasserwelt, die normalerweise dumpf und trüb sind, funkelten in allen nur denkbaren Grün-, Grau- und Violetttönen, die durch leuchtend gelbe und blaue Flecken noch betont wurden.

Nicht dazu passen wollte allerdings ein beinah schwarzer Riss, der in Ufernähe das Wasser zerfurchte. Der etwa ein Meter lange Streifen, dicht unter der Wasseroberfläche, hob sich deutlich von dem in vielen Farben und Formen schimmernden Meeresboden ab. Als triebe er mit der Strömung, bewegte er sich langsam auf den Strand zu. Zuerst hielt ich ihn für Treibholz, das aus fernen Wäldern oder Holzstapeln hier angeschwemmt wurde. Doch dann verrieten mir äußerst dezente, schwankende Wellenbewegungen, dass im kristallklaren Wasser ein Fisch gemächlich seine Bahnen zog. Er schien nicht hungrig oder auf Beute aus zu sein, sondern eher in der Nachmittagssonne zu entspannen und die heitere Ruhe zu genießen.

Als ich später zum Camp zurückging, wirkte die Wunderwelt noch in mir nach. Ich wollte mehr davon. Um auf kürzeren Exkursionen die Felsbuchten in Camp-Nähe zu erkunden und Proben zu nehmen, hatten wir ein Ruderboot.

Also nahm ich fünfzig Meter Monofilleine, Einfachhaken und Sechzig-Gramm-Senkblei und fuhr mit dem Ruderboot auf den Fjord vor unserem Camp. An der Felswand gegenüber schienen mir reiche Fischgründe zu liegen. Es war später Nachmittag, die Sonne stand tief und verlieh dem Felsen eine vom Wasser gefilterte Eleganz. Nach einer Weile holte ich die Ruder ein und schaute neugierig ins kristallklare Wasser. Doch die algenüberzogenen Steine, Fische, Muscheln und Kiesel am Meeresboden glitzerten und schwankten so stark, dass mir schwindelig wurde. Das Licht schien auf unnatürliche und unerwartete Weise verändert.

In die Bucht mündete ein Bach, der auch hinter unserem Camp entlangfloss. Dort plätscherte er über Steine, wand sich durch Grasflächen und saugte alles an Wärme auf, was Sonne und Boden hergaben. Das Wasser der Bucht war dagegen eiskalt. Wo sich der Bach ins Meer ergoss, trieb er als Süßwasserzunge auf dem kühlen, dichten Salzwasser. An der Wasseroberfläche schwamm also eine zentimeterdicke Süßwasserschicht. Da Süß- und Salzwasser unterschiedlich dicht sind, entstanden an der Grenzfläche, wo sie sich mischten, kleine Wirbel und winzige Unterwasserwellen. Das vom Meeresboden reflektierte Licht wurde durch die unterschiedlichen Wassertemperaturen und -zusammensetzungen gebrochen; die Strukturen wurden verzerrt und die Farben verdreht.

Ich beugte mich über den Bootsrand und tauchte die Hand ins Süßwasser. Als ich die gleitende Grenzfläche durchbrach, konnte ich zuschauen, wie meine Hand völlig schmerzlos in tanzende, kreiselnde Muster zerfiel und sich in etwas mir völlig Unbekanntes verwandelte.

Als ich sie wieder aus dem Wasser zog und in Richtung Felswand weiterruderte, lag ein Zauber über der Bucht; es war, als betrete ich eine Welt, die nur darauf wartete, gesehen zu werden. Der Fels war oberhalb der Wasserlinie rostbraun und weiß gebändert, wie es für die sulfidreichen Gneise und Schiefer dieser Gegend typisch ist. Als ich näher kam, fiel mir jedoch auf, dass die Färbung unterhalb der Wasserlinie völlig anders war. Unter- und Überwasserwelt wurden von der Wasserlinie mit beeindruckender Präzision getrennt. Unter Wasser zeugte nichts von der deutlichen Bänderung an Land. Der Fels hatte dort eine tiefviolette Färbung. Das Wasser war hier mindestens zehn Meter tief, aber während ich auf dem Meeresboden eine zufällige Mischung aus funkelnden Steinen, Sand und Kieseln sah, war der Fels vom Boden bis zur Wasserlinie einheitlich violett.

Erst als ich noch dichter herangerudert war, erkannte ich, dass nicht der Fels violett war, sondern dass dort Tausende Seeigel so nah beieinandersaßen, dass ihre Stacheln ein einziges ineinander verhaktes, pieksendes Gewebe bildeten. Über Dutzende von Metern gab es kaum einen freien Zentimeter Fels. Bei näherem Hinschauen sah ich dann, dass sich das, was ich für eine statische violette Fläche gehalten hatte, beinah unmerklich drehte und wendete. Die Seeigel bewegten sich langsam durch den Seeigelwald, und während ihre Stacheln in der Strömung schwankten, fraßen sie die Algenreste, die ihre Nachbarn übersehen hatten. Ich ließ das Boot ein paar Minuten am Fels entlangtreiben und bestaunte den Wald, ein vom Hunger gesteuertes, biologisch komplexes Gebilde ohne Gehirn.

Irgendwann drückte ich mich von der Felswand ab, um noch mehr von dem Unterwassergemälde zu betrachten. Doch obwohl ich angestrengt auf den Meeresboden zehn Meter unter mir schaute, wurde ich durch etwas direkt unter der Wasseroberfläche irritiert. Zunächst dachte ich, ein schillernder Draht würde sich in unsichtbaren, sachten Wellen kräuseln. Doch plötzlich war es, als würde mir ein Schleier von den Augen gezogen, und der Draht löste sich in eine riesige Tanzkompanie auf, die in der sanften Strömung ein gemächliches Wasserballett vollführte. Ich zog die Ruder ein und beugte mich übers Wasser, um herauszufinden, was da eigentlich schwamm. Es waren Hunderte von Rippenquallen. Die wirbellosen Meerestiere, die aussehen wie Quallen, aber im Gegensatz zu diesen nicht zum Stamm *Cnidaria*, sondern zu *Ctenophora* gehören, waren etwa sieben bis zehn Zentimeter lang, fünf Zentimeter breit und ähnelten Laternen. Längs am Körper waren acht fadenartige Zilien zu sehen, die in den schillerndsten Farben leuchteten und die Laternen langsam kreiselnd durchs Meer lenkten. Weil sich die Zilien in rhythmischen Wellen entlang des beinah durchsichtigen Körpers bewegten, wirkte es, als purzelten dünne Regenbogenfäden durchs glasklare Wasser. So weit ich blicken konnte, schwammen Rippenquallen um mein Boot. Ich tauchte ein in eine schimmernde Welt voll kinematischer Magie.

Ich brauchte nichts zu tun, als das Boot im Wasser treiben zu lassen. Ich legte mich hin, stützte das Kinn aufs Heck, und während sich das Boot langsam mit der Strömung drehte, betrachtete ich fasziniert das lautlose Schauspiel aus Farben und Licht.

Der Fischefluss

DIE TAGE vergingen. Wir versuchten weiterhin, die alte These von Kai und John zu bestätigen, und waren zunehmend davon überzeugt, dass sich die Suturzone in dem Gebiet befand, das wir erforschten und vermaßen. Aber nun mussten wir noch eine andere wichtige Frage klären: Welche Beziehung bestand zwischen den alten magmatischen Gesteinen, die Kalsbeek und seine Mitarbeiter 1987 entdeckt hatten, und der Suturzone, durch die wir jetzt stapften? Laut der bisherigen geologischen Karten gab es nördlich der Nordre-Strømfjord-Scherzone keine Magmakörper. Doch war das purer Zufall, oder hatte es tatsächlich ein gewaltiges tektonisches Ereignis gegeben, bei dem sich die Scherzone durch die erstarrten Magmakammern gehobelt und die Überbleibsel des vulkanischen Komplexes irgendwohin verfrachtet hatte? Wie uns der Stängelgneis in der Scherzone verriet, war das erstarrte, abgekühlte und verfestigte Magma dort hochgradig deformiert worden. Wenn die gescherten Stängelgneise die einzige signifikante Deformation waren, die in den Magmakörpern überliefert war, und wenn die Magmakörper nur in der Scherzone so deformiert waren, dann war die NSSZ mit an Sicherheit grenzender Wahrscheinlichkeit ein großflächiges tektonisches Gefüge, so wie John und Kai es vor Jahren beschrieben hatten. Wir mussten also herausfinden, ob sich die Stängelgneise in der gesamten Region fanden oder nur in der Scherzone.

Also machten wir uns an einem kühlen, aber sonnigen Morgen in ein Gebiet südöstlich unseres Camps auf, um dort nach gescherten magmatischen Gesteinen zu suchen. Wir wollten Proben nehmen und uns das Gestein genauer ansehen. Dann würden wir hoffentlich mehr über die Geschichte dieses alten Gebirgssystems wissen.

Wir machten uns mit dem Boot zu einigen kleineren Höhlen und Wasserzuläufen auf, an denen die Gesteine gut sichtbar waren. Es wehte ein kühler, sachter Wind, und wir kamen gut voran. Wir hielten an mehreren Stellen, fanden aber keine erstarrten alten Magmakörper mit aussagekräftigen Deformationen.

Später am Vormittag ließ der Wind nach, Stille legte sich über die Landschaft. Schon bald kamen die unvermeidlichen Mückenschwärme und zerrten mit ihrem hohen Summen an unseren Nerven. Wir zogen Handschuhe und Mückenhüte an. Nach einer Weile gewöhnt man sich daran und bemerkt beim Arbeiten das Netz vor den Augen und die Handschuhe an den Fingern gar nicht mehr. Doch beim Mittagessen stören sie. Darum verstauten wir unsere Rucksäcke mit Wasser und Mittagessen im Boot; John startete den Außenbordmotor und steuerte aufs offene Wasser zu. Als wir über die spiegelglatte Fläche rasten, hatten wir die Mückenschwärme bald abgehängt. Erleichtert atmeten wir auf und stopften Hüte und Handschuhe wieder in die Rucksäcke.

Kaum waren wir außer Reichweite der Mücken, stellte John den Motor aus. Wir ließen uns treiben, das Boot kreiselte langsam in der Strömung. Der Fjord glitzerte wie Glas, ab und zu plätscherte eine Welle gegen das Boot, ansonsten herrschte vollkommene Stille. Kleine, vom Inlandeis abgelöste Eisblöcke schwammen vorbei und schmolzen langsam zu Nichts zusammen. Wir sprachen wenig, aßen unser übliches Mittagessen aus Brot, Sardinen und Käse, spülten es mit Kaffee aus der Thermoskanne hinunter und ließen in der wärmenden Sonne die Stimmung der Landschaft auf uns wirken.

Als wir zur Küste zurückkehrten, war leichter Wind aufgekommen. Kaum hatten wir angelegt, näherten sich schon die Mücken, aber jetzt hielt der Wind sie auf Abstand. Fast schien es, als würden sie uns wütend ankreischen, weil sie uns nicht kriegen konnten. Beruhigt legten wir Mückennetz und Handschuhe zur Seite.

Wir waren an einem kleinen Kieselstrand an Land gegangen, an dem ein lang gestreckter, sanft geneigter Gneis-Felsen offen zutage lag. Da die Schichtung im Fels senkrecht zur Küste verlief, konnte man bequem an verschiedenen Gesteinsarten entlanglaufen. Wir nahmen Proben, vermaßen das Gestein und versuchten, aus Bruchstücken seine lange Geschichte zusammenzufügen.

Als Kai und John lebhaft über etwas diskutierten, was mich nicht interessierte, ging ich schon einmal voraus. Der Himmel war von einem so intensiven Blau, dass er von sich aus zu strahlen schien. Der Fjord, in dem sich ein solcher Himmel sonst kobaltblau spiegelte, schimmerte hier matt hellgrün, weil das Schmelzwasser vom nur wenige Kilometer entfernten Inlandeis pulverisiertes Gestein mitbrachte.

Irgendwann umrundete ich eine kleine Landspitze und stand auf einer glatt polierten Felsfläche mit schmalen schwarzen Schichten, die äußerst komplex, wie ein Akkordeon, mit dem sehr weißen Fels verfaltet waren. Eine Weile lief ich einfach darauf hin und her und erfreute mich an ihrer ruhigen Schönheit. Während ich versuchte, mir das Phänomen zu erklären, konnte ich mich des Gefühls nicht erwehren, dass hier ein anonymer Töpfer seiner poetischen Ader freien Lauf gelassen hatte.

Nach einer Weile holte ich mein Notizbuch hervor, ließ mich auf Hände und Knie nieder, um die Minerale besser betrachten zu können, und hielt die Geschichte fest, die hier offenbar erzählt wurde. Unter den Händen spürte ich das Gestein. An manchen Stellen war es spiegelglatt, schon vor Jahrtausenden vom Wasser und Silt der Eiszeitgletscher blank geschmirgelt, doch ab und zu war die Glasur gebröckelt, und dort traten zerbrochene, kantige Quarz-, Feldspat- und Hornblendekristalle zutage. Ich strich mit der Hand über den Fels; ich wollte den Kontrast zwischen Glätte und Rauheit fühlen.

Die Wärme war wohltuend. In Grönland kann es auch bei Sonne ziemlich frisch sein. Doch heute war es so warm, dass das Gestein die Sonnenstrahlen speicherte und abstrahlte. Ich zog Rucksack und Jacke aus, legte mich auf den Rücken und spürte durch das T-Shirt das warme Gestein. Ein paar Minuten blieb ich einfach so liegen und genoss die wohltuende Berührung. Dann drehte ich mich auf die Seite und schaute mich still um. Am Horizont erhob sich die massige Eiswand.

An dieser Stelle gab es keinen Strand, nur weißen Fels und Ozean. Das Wasser ging gerade zurück; nur einen Steinwurf von mir entfernt trieben träge kleine Eisberge vom kalbenden Inlandeis vorbei.

Dann sah ich unmittelbar am Ufer einen riesigen Schwarm heringsartiger Fische langsam vorbeischwimmen. Erstaunt dachte ich, dass er schon die ganze Zeit da gewesen sein muss.

Draußen im Fjord konnte man diese Fische öfter sehen, aber meist einzeln oder in kleinen Gruppen. Wie betäubt oder lethargisch kippten sie dann von einer Seite auf die andere, als würde ihnen die Kraft fehlen, sich mit Schwanz und Flossen ordentlich fortzubewegen. Doch der Schwarm hier am Ufer schwamm wie ein Fluss zielgerichtet dem Fjordende entgegen. An der flachen, warmen und geschützten Stelle hatten sich Tausende Fische versammelt und bewegten sich als ein mindestens ein Meter breites Band vorwärts, das an der Wasseroberfläche begann und irgendwo in der trüben Tiefe verschwand. Wie lang das Band war, konnte ich unmöglich sagen. Es erstreckte sich zu beiden Richtungen weiter, als ich gucken konnte. Verblüfft fragte ich mich, warum so viele Individuen auf ein kollektives Geheiß hin einem Ziel zustreben, das sie vermutlich nicht kennen.

Doch auf einmal explodierte der Fischefluss, zerstob wie ein Sternenausbruch in alle Richtungen, offenbar auf der Flucht vor einem Punkt gleich rechts von mir. Die Heringsfische schienen von wilder Panik ergriffen. Flossen und

Schwänze schlugen, das Wasser strudelte. Würden Fische reden können, panische Schreie hätten die Luft erfüllt.

Noch bevor ich mich auf die Ellenbogen hochziehen konnte, schoss ein schnappendes Maul aus den undurchdringlichen Tiefen des Wassers auf. Ein riesiger Seeskorpion (*Myoxocephalus scorpioides*) griff den Schwarm an. Blitzschnell packte er einen Nachzügler und ließ sich, mit dem hilflos zappelnden Fisch im großen, zehn Zentimeter breiten Maul, wieder in die Düsternis zurücksinken.

Der Seeskorpion oder Ulk ist kein schöner Fisch, er besteht hauptsächlich aus knochigem Kopf, stacheligem Körper und einem Maul voll scharfer Zähne. Mit seiner graubraunen, schwarz gefleckten Färbung hält er sich gut getarnt am Meeresboden auf und jagt die Kleinen und Schwachen. Ich habe dort zum ersten Mal in meinem Leben einen gesehen.

Die Verwirrung des auseinanderstiebenden Fischschwarms hielt nur zehn Sekunden an. Dann fand der Fischefluss, ohne erkennbares Zeichen, wieder zur Ausgangsformation zurück und steuerte als wogendes Wesen, das den Toten schon vergessen hat, auf ein unbekanntes Schicksal zu.

Ein Fisch kann nicht von Erfolg oder einer Zukunft träumen. Es mangelt dem einfachen Tier an der Fähigkeit, sich tragische Geschichten oder entfernte Zielorte auszumalen. Wie fühlt sich Todesangst an, wenn man sich den Tod nicht vorstellen kann? Welche individuelle Empfindung treibt die Fische unbewusst dazu, sich auf Wanderung zu begeben, damit sich die Art fortpflanzen kann? Was erlebt der Fisch, wenn er mit anderen einem unbekannten, formlosen, undefinierbaren und doch unwiderstehlichen Ziel zustrebt? Wie lebt man ohne bewusste Absichten, willentliche Wünsche und Vorstellungskraft?

Während ich dort saß, wiederholte sich das Drama um Leben und Tod noch vier Mal. Jedes Mal wurde das wogende Fischeband zu einem sprühenden Sternenausbruch, der Ulk tauchte auf, tötete einen Fisch und sank dann zurück ins tiefe Dunkel. Als ich aufstand und ging, war noch immer kein Ende des Fischeflusses in Sicht.

Als wir an diesem Abend im Küchenzelt saßen, Kai geräuschvoll die Packungen mit tiefgefrorenen Suppen und Gemüse aufriss und das Wasser auf dem Gaskocher zischte, ging mir der Kampf um Leben und Tod durch den Kopf, der sich überall in dieser Landschaft abspielte. Die Tundra war übersät mit Vogelknochen, Polarfuchsschädeln und Rentiergeweihen. Überall sahen wir die verblichenen hellen Spuren, die sich von der dunkleren Landschaft abhoben und von dem Prozess zeugten, der die Evolution vorantrieb. Unaufhaltsam entwickelte sich die Zukunft aus einer mit Knochen übersäten Erde.

In unserer technisierten, künstlichen Welt können wir nicht erkennen, in welche Geschichte wir uns eigentlich einschreiben. Wir stehen am Ende einer seit Jahrmilliarden andauernden evolutionären Entwicklung, die wir nicht willentlich beeinflussen. Wenn wir wirklich verstehen wollen, was wir sind und wohin wir gehören, müssen wir die ungestaltete Wildnis erleben – in der diese Knochen liegen.

Nach dem Essen nahmen John und ich Teller, Töpfe und Zubehör und trugen alles zu unserem Lieblingsabwaschfelsen. John spülte ab. Weil ich es meistens nicht schaffte, die Essensreste gründlich zu entfernen, war ich der Abtrockner. Während ich auf den nächsten Teller oder Topf wartete, blickte ich gedankenverloren über den Fjord.

Als ich mich wieder John zuwandte, sah ich knapp hinter ihm einen Mückenschwarm, der mit einer sanften Brise angesurrt kam. Ich nahm einen seifigen Teller, zog ihn einmal durch den summenden Schwarm, drehte ihn um und zeigte John das Ergebnis. Auf fünfzehn Zentimetern Durchmesser klebten siebenunddreißig Mücken. John lächelte, griff nach dem Teller, spülte die Insekten ab und kippte das Wasser in die Tundra. Alles in allem war der Unterschied zwischen mir und dem Ulk vielleicht nicht so groß, wie ich es gern gehabt hätte.

IMPRESSIONEN III

Wo heut die See brüllt, wuchs ein Baum –
Wie viele Wechsel sahst du, Welt!
Wo heute der Straße Lärmen gellt,
War Stille einst im Meeresraum.

Der Berg ist Schatten, der vergeht
Von Form zu Form. Nichts hat Bestand,
Wie Nebel schmilzt das feste Land,
Formt sich wie Wolken und verweht.

ALFRED LORD TENNYSON

ICH STEHE an einer etwa ein Meter hohen Tundraböschung, hinter mir erstreckt sich ein Kieselstrand. Dicht vor meinem Knie ragen, wie eine Skeletthand, vier bleiche, abblätternde Knochen aus dem Boden, ein Wirbel, ein Rippenstück und zwei, die ich nicht näher bestimmen kann. Aus der weichen, welkenden Gräsermatte wächst ein weißes Blumenbüschel und weht in der Brise sachte hin und her. Die Knochen ragen etwa zur Hälfte daraus empor. Das Rippenstück ist länger als mein Daumen und ungefähr genauso dick. Der Größe nach sind es Rentierknochen.

Die Tundra hier baut sich seit etwa sechstausend Jahren auf, seit dem Rückgang der Gletscher nach dem Ende der letzten Eiszeit. Da die Knochen tief im chaotischen Wirrwarr aus Wurzeln und Blumenleichen vergraben sind, muss das Tier schon vor drei- bis viertausend Jahren gestorben sein.

Zu diesem Zeitpunkt haben sich in Grönland zum ersten Mal Menschen angesiedelt. Sie wanderten von den Inseln im Nordosten Kanadas ein. Bis dahin hatten sich Rentiere und Moschusochsen frei bewegen können. Haben sie sich vor den ledergewandeten Fremden gefürchtet? Sind sie geflüchtet oder neugierig stehen geblieben, um den unbekannten Fleischfresser näher zu betrachten? Die Landschaft, die den Tieren seit Jahrtausenden allein gehört hatte, und die in der menschenfreien Welt entwickelten Überlebensstrategien standen auf einmal auf dem Prüfstand. Beim Anblick der Knochen frage ich mich, ob sie Überbleibsel einer ersten Begegnung zwischen Mensch und Tier sind.

Über Jahrtausende haben sich Pflanzen an den Rentierresten gelabt; Elemente und Bestandteile von tierischem Fleisch und Knochen wurden umarrangiert und in Stiele, Staubgefäße, Stempel und Blätter verwandelt. Was nicht umgewandelt oder gebraucht wurde, sickerte zurück in den salzigen Fjord. Mithilfe von Gezeiten und Wind entkamen die freigesetzten Bestandteile in die Tiefen der Ozeane und flossen durch Sedimente, Plankton und Wale. Was noch übrig war, saß in den weniger löslichen weißen, abblätternden Knochen.

Ich schaue auf und sehe, wie die Eisberge im grauen Fjordwasser treiben: Wasser auf Wasser in einem Tanz, dessen Choreografie von Sonne, Mond und Meer bestimmt wird.

NEUFINDUNG

Du verlässt dein Zuhause und dein Land, verlässt dein Schiff und verlässt deine Freunde im Zelt und sagst: »Ich gehe einen Moment ins Freie und bleibe vielleicht länger.« Das Licht auf der anderen Seite des Schneesturms hat dich angelockt. Du läufst los, und eines Tages erreichst du das ausgebreitete Herz der Stille, wo sich das Land auflöst, das Meer zu Nebel wird und die Schneeflocken zu etwas Erhabenem unter unbekannten Sternen. Das ist das Ende der Via Negativa, die lichtlose Grenze, wo die Berge des Wissens schwinden und die Liebe um ihrer selbst willen, ohne Objekt, beginnt.

ANNIE DILLARD

Gezeiten

IN DER STILLE der Wildnis fehlen nicht einfach nur die Geräusche. Es gibt dort auch einen Sturm der Stimmen, den wir nicht hören, weil wir kein Organ dafür besitzen. In der Weite des Raums hallen die nicht ausgeschöpften Möglichkeiten von Lebenden und Toten, Belebtem und Unbelebtem nach: das Echo der Dinosaurier, das Murmeln der Trilobiten, das Flügelrauschen des Pterodactylus.

Als ich aus meinem Zelt krabble und zum Küchenzelt hinübergehe, wo hoffentlich schon jemand Kaffee gekocht hat, ist die Ruhe ernüchternd. Die überwältigende Stille, die mich auf dem kurzen Weg durch die Tundra umgibt, lässt unsere vier kleinen Zelte fragil wirken. Dicht gedrängt, zerbrechlich und verletzlich stehen sie da, mit wenigen, zehn Zentimeter langen Aluminiumhaken vorübergehend in der schwammigen Tundra verankert. Es fällt schwer, dabei nicht an die Nichtigkeit unseres Daseins zu denken.

Als ich mich bücke und ins Küchenzelt zwänge, ist der Geruch geradezu tröstlich. Kai hat Kaffee gekocht. Ein köstlicher Duft. Ein paar Minuten später kommt auch John, und wir planen unseren Tag.

Zehn Kilometer weiter westlich liegt Tunertoq, eine Insel, die wir noch nicht erkundet haben und die sich vermutlich am Nordrand der Scherzone befindet. Sie ist unser heutiges Tagesziel. Während wir unser übliches Frühstück aus Haferflocken mit Milchpulver und Zucker, Brot, Cracker, Käse und ein wenig Marmelade essen, überlegen wir, an welchen Landzungen und Buchten wir am besten nach dem Scherzonenrand suchen und wie lange wir wohl dafür brauchen. Wenn wir die Geometrie der Kollisionszone beschreiben wollen, müssen wir den Rand der Scherzone geologisch vermessen. Wir einigen uns schließlich auf einen ungefähren Plan, packen Proviant, Hämmer und Kompasse, GPS-Geräte, Probenbeutel und was wir sonst noch brauchen ein und gehen zum Strand hinunter, wo unser Schlauchboot liegt.

John holt das Boot herein, dann steigen Kai und er ein. Ich mache das Boot los, versetze ihm einen Stoß und springe mit nassen Schuhen hinterher. Nach mehreren Startversuchen springt der Motor dröhnend an, mit einer blauen Abgaswolke, die übers Wasser davonzieht. Das Boot tuckert im Leerlauf, John schaltet in den Rückwärtsgang, langsam gleiten wir auf den Fjord hinaus. Kai und ich sitzen rechts und links am Bug. Nach einem letzten prüfenden Blick schaltet John in den Vorwärtsgang, wendet und gibt Gas; der Motor brüllt.

Als wir schneller fahren, senkt sich der Bug, Wasser spritzt hoch. Wir fliegen dahin. Der Fjord ist spiegelglatt, die Dünung aus der Davisstraße kaum zu spüren. Die Wasserspritzer glitzern in der Sonne: Millionen Wassersterne funkeln in der frischen Morgenluft. Dann nimmt der Fahrtwind zu, Kai und ich ziehen die Mütze tiefer ins Gesicht, schlagen den Kragen hoch und schließen den Reißverschluss unseres Anoraks.

Obwohl uns auch heute die Entdeckerlust antreibt, scheint es uns noch immer wie ein Wunder, dass wir überhaupt hier sind. Pur und nackt liegt die beeindruckende Landschaft aus Fels, Wasser, Eis und Leben vor uns ausgebreitet. Wir sind von ihrer Schönheit überwältigt, sie schneidet uns ins Herz. Plötzlich überfällt uns Unruhe.

Wie kann es bloß sein, dass aus organischen Stoffen und ein paar Spurenelementen Leben entsteht, das neugierig in die Landschaft blickt und Wunder erlebt? Welchen Sinn hat es für Lebewesen, zu wissen, dass es so etwas wie Schönheit gibt und man diese in der tiefsten Wildnis findet? In einem fruchtbaren, lebensfreundlichen Gelände stille Heiterkeit zu empfinden, könnte man als evolutionären Vorteil erklären. Doch hier ist das Leben rau und ein einziger Kampf. Und trotzdem bin ich von tiefer Ehrfurcht und Frieden erfüllt, als die beeindruckende Landschaft an mir vorbeizieht.

Die Insel Tunertoq, dreißig Kilometer lang und sechs Kilometer breit, erstreckt sich westöstlich vor der Nordküste des Arfersiorfik Fjords. Dahinter verzweigt sich ein Wassernetz aus Fjorden und Buchten über sechzig Kilometer nach Norden und Osten, bis ans Inlandeis. Unter dem Eis strömen riesige Schmelzwasserflüsse hervor, ergießen sich in die Wasserarme und vermischen sich mit dem salzigen Meerwasser. Wenn Ebbe ist, entlässt das komplexe Venen- und Arteriennetz gigantische Schmelz- und Meerwassermassen in den Arfersiorfik Fjord. Bei Flut kehrt sich die Strömung um, und die Wasserwege im Inland werden vom Fjord gespeist.

Tunertoq stellt für das Wassernetz ein Hindernis dar. Wie ein großes, robustes Nadelöhr liegt die Insel am Einbeziehungsweise Ausgang des Fjords. Die Binnengewässer können nur durch enge Passagen an beiden Inselenden herein- und hinausfließen. Da der Tidenhub in Grönland bis zu sechs Meter betragen kann, brausen am Scheitelpunkt der Flut gigantische Wassermassen durch die Passagen.

John, wie immer mit blauer Baseballkappe und Sonnenbrille, sitzt steuerbords neben dem Außenbordmotor. Damit wir bei hoher Geschwindigkeit nicht umkippen und der Bug unten bleibt, halten Kai und ich das Schlauchboot durch Gewichtsverlagerung im Gleichgewicht. Die Rettungswesten haben wir, im Beutel verpackt, immer in Reichweite. Wenn es windig ist und starker Wellengang herrscht, tragen wir sie auch, weil ein Sturz ins eisige Wasser schnell zu Unterkühlung und Tod führen kann. Doch heute gibt es kaum Wind und Wellen, der Fjord liegt spiegelglatt und funkelnd da, die lästigen Westen sind sicher verstaut.

Doch auf einmal ist es, als führe das Boot gegen eine unsichtbare Mauer. Es bleibt fast stehen und schwankt gefährlich hin und her. John wird nach vorn geworfen, drückt die Pinne dabei nach unten, der Schiffspropeller taucht aus dem Wasser auf und kreischt, als der Motor aufdreht. Kai und ich werden über den Bootsrand katapultiert und wären ins eiskalte Wasser gestürzt, hätten wir nicht gerade noch rechtzeitig die Handseile an den Bootsseiten zu fassen bekommen. Mit Mühe hieven wir uns ins Boot zurück und lassen uns auf den Lattenboden plumpsen. Das Boot bäumt sich auf, schaukelt und buckelt, als wolle es uns loswerden. Erschrocken und keuchend klettern wir auf unsere Plätze zurück. Ich schaue mich nach John um und denke einen Moment an einen Scherz, aber eigentlich weiß ich, dass das nicht sein kann. Er hat viel Humor, würde aber niemals riskieren, dass wir ins Wasser fallen. Noch immer werden Kai und ich auf unseren Plätzen hin und her geworfen. Als John sich wieder neben den Motor setzt und, die Stirn in Falten gelegt, angestrengt steuerbords blickt, weiß ich, dass etwas nicht stimmt.

Wir befinden uns genau an der Einfahrt zur schmalen Passage östlich von Tunertoq. John drosselt den Motor und lenkt das Boot hinein. Als wir wieder ruhiger im Wasser liegen, gibt er ein wenig Gas und blickt uns an.

»Die Gezeitenströmung«, sagt er grimmig.

Wir folgen seinem Blick. Die Passage sieht aus wie ein aufgewühlter Fluss. Im schnell strömenden Wasser blubbern riesige Blasen hoch, die jede Erinnerung an den spiegelglatten Fjord unwirklich erscheinen lassen. Unser Timing, am Scheitelpunkt der Flut, hätte nicht schlechter sein können. Momentan strömt die größte Wasserflut von der Rückseite der Insel in den Fjord, und wo sie sich ins schläfrige Fjordwasser bohrt, ist eine scharfe Kante entstanden, eine klare, deutliche Grenze zwischen Eindringling und Belagertem. Wir waren mit voller Geschwindigkeit dagegengefahren.

John lenkt das Boot vorsichtig ein wenig weiter und gibt dann Gas. Langsam kämpfen wir uns gegen die Strömung voran. Der Bug hebt und senkt sich, doch irgendwann ist das Auf und Ab schließlich nicht mehr ganz so holprig. Wasser wirbelt chaotisch um das Boot.

Wir lachen leicht nervös und setzen uns wieder gerade hin. Verunsichert sage ich: »Das war ja beeindruckend.« Und Kai: »Ist es wohl noch.«

Kai und ich sitzen angespannt da, die seitlichen Taue fest in der Hand. Wir merken wohl, dass wir nicht alles im Griff haben, stellen aber erleichtert fest, dass das Boot stabil im Wasser liegt. John ist erfahren und steuert uns umsichtig durch die Strömung. Wir blicken auf das turbulente Wasser vor uns, als hielten wir nach etwas Ausschau. Aber nach was, wissen wir nicht.

Doch dann, als würde ein Vorhang beiseitegeschoben, spüren wir auf einmal eine vage Gefahr. Zweifellos war sie schon die ganze Zeit da, aber wir waren zu sehr damit beschäftigt, uns im Boot zu halten. Erst als wir uns entspannen, sehen wir klarer und fühlen die Bedrohung.

Plötzlich lässt uns ein lautes Donnergrollen zusammenzucken, wir suchen den Himmel nach Gewitterwolken ab, aber er ist strahlend blau, mit Wattebäuschchen. Doch das durchdringende, widerhallende Grollen ist noch immer da, ein tiefkehliges, klopfendes Rumoren.

Unser Schlauchboot besteht an Bug und Seiten aus aufgepumpten Gummipontons. Zwei Querschläuche, die zugleich als Sitzbänke dienen, verstärken die Innenseiten. Der Boden aus gummiertem Gewebe ist mit dünnen Latten verschweißt, die dem Boot Stabilität und Festigkeit verleihen. Genau unter den Latten ist das Grollen zu hören.

Schnell wird uns klar, dass das Geräusch von großen Steinen stammen muss, die, von der Flut mitgerissen, durch das felsige Fjordbett rollen und eine unterirdische geheime Landschaft ins Gneis- und Schiefergestein meißeln. Im Minutenabstand hallt das polternde, grollende Echo durch Wasser, Boot und kühle Luft. Wir schauen uns an und in das wilde Wasser, horchen und kauern uns ein wenig tiefer ins Boot. John gibt etwas Gas und lenkt uns näher an die Küste heran. Nur einen Steinwurf davon entfernt, fahren wir vorsichtig weiter.

Wir sind durch unseren Leichtsinn in Gewässer geraten, deren Kräfte wir nicht bändigen können und die für uns eine tödliche Gefahr bedeuten. Bei einem Sturz ins Wasser wären wir abgetrieben und nach wenigen Minuten tot gewesen. Das Brüllen der Flut bildet die passende musikalische Untermalung: Das Überleben ist nicht viel mehr als ein glücklicher Zufall.

Im Wasser unter uns wurden durch die polternden Steine Atome abgeschabt, die einst zum felsigen Meeresboden gehörten, und Ebbe und Flut übergeben. Nun treten sie, gestützt durch simple Thermodynamik, in einen komplexen Dialog mit anderen Atomen, aus staubigen Winden, interstellaren Partikeln, verwesten Tieren und verrotteten Pflanzen, und vermischen sich damit. Sie kommunizieren auf eine für uns ewig unbegreifliche und unvorstellbare Art und Weise und bilden Einheiten, die zu Lebensformen, chemischen Sedimenten oder einfach aufgelösten Molekülen werden. Sie sinken in die Tiefe, steigen wieder an die Meeresoberfläche und verdunsten, werden zum Schnee am Himalaja oder lösen jahreszeitliche Überflutungen am Ganges aus. Und werden manchmal auch zu einem Teil von uns.

Wir schippern weiter, mit dem Brüllen der Flut im Rücken, umrunden mehrere Landspitzen, durchqueren kleine Buchten und halten Ausschau nach freiliegendem Gestein, durch dessen Geschichte wir uns wühlen können. Wir fahren durch eine beinah unerforschte Welt. Die Wissenschaft ahnt höchstens, was sich hier befinden könnte.

Dann entdecken wir fünfzig Meter weiter hinter einer kleinen Bucht nackten Fels, der am Wasser beginnt und erst dreihundert Meter weiter landeinwärts von erodierender Tundra bedeckt wird. Schnell legen wir an und laufen aufgeregt dorthin.

Ungläubig betrachten wir die eindrucksvolle Struktur des felsigen Uferrands und rufen immer wieder, wie unglaublich das überhaupt ist. Gebannt starren wir auf rosa, weiße, graue, braune und schwarze Bänder, einmal keinen Zentimeter, dann wieder meterbreit, die so gedehnt, träge, gefaltet und wellig sind, dass das Gestein butterweich gewesen sein muss. Ich habe das Gefühl, vor einem spontanen Kunstwerk zu stehen, bei dem ein unbekümmertes, kreatives Genie seinem eigenen Rhythmus gefolgt ist und seiner manischen Leidenschaft Ausdruck verliehen hat: in fließendem Gestein. Immer wieder bleiben wir stehen, jeder Quadratmeter hat eine andere Struktur und Färbung. Wir kriechen auf Händen und Füßen, während wir versuchen, Bedeutung und Geschichte des Gesteins zu verstehen. Unter wissenschaftlichen Gesichtspunkten ist das hier ein Schatz. Und unter ästhetischen ein Meisterwerk. Unsere quantifizierbare Welt wurde nahtlos mit einem himmlischen Gefilde verwoben, zu einem zerfließenden Dalí-Gemälde. Plötzlich kennt, was wir tun, keine Grenzen mehr. Was das Gehirn begreifen kann, breitet sich vor uns aus.

Wir wussten damals noch nicht, dass dies die ältesten Gesteine in dieser Region waren, Überreste der ältesten Kontinente der Erde. Erst nach vielen Monaten Arbeit im Labor fanden wir heraus, dass die Gesteine vor mehr als 3300 Millionen Jahren entstanden waren. Sie zeugten von einem Jahrmilliarden alten Ozeanbecken, aus der Zeit, als es auf der Erde nur im Wasser umhertreibende Einzeller gab und das wenige Land, abgesehen von angewehtem Sand, vollkommen nackt war. Der Ozean war wesentlich älter als derjenige, der im Zusammenhang mit der Gebirgsbildung stand, wegen der wir hergekommen waren. Die schwarzen Schichten waren einst geschmolzenes Gestein, das in die Sedimente dieser alten Ozeane injiziert worden war, und zwar vermutlich lange nachdem alles Wasser aus ihm gepresst und seine Kristallform verändert war. Das Gestein war tief versenkt, erhitzt und gepresst worden; im Lauf von Gebirgsbildungsprozessen, die Hunderte Millionen Jahre gedauert hatten, war die gesamte Schichtfolge dann gefaltet, umgefaltet, deformiert und intrudiert worden. Irgendwann in den letzten zig Millionen Jahren hatte sie es wieder an die Erdoberfläche geschafft, bildete nun die Küste eines neuen Ozeans, auf dem unser Boot schwamm, und wartete auf die nächste Transformation. Es war tatsächlich der äußerste nördliche Rand der Zone, nach dem wir suchten. Es war das äußerste Ende eines der beiden kollidierten Kontinente.

Nach dieser Entdeckung besuchten John, Kai und ich die Landspitze noch viele Male. Wir sind geschulte Beobachter, wir suchen mit kritischem Blick nach allen Fakten und Hinweisen, die das Gesamtbild abrunden und ergänzen können. Wir wollen genau wissen, welche Geschichte uns Strukturen, Färbungen und Texturen erzählen. Wir machen Aufzeichnungen und nehmen viele Proben. Wir vermessen immer wieder neu. Wir diskutieren und ziehen Schlüsse. Doch wie sorgfältig wir auch immer beobachten, vermessen, Strukturen, Mineralogie und Texturen beschreiben, wir entdecken jedes Mal wieder Neues. Wenn wir uns einen Fels das dritte oder vierte Mal anschauen, sehen wir unweigerlich etwas, das uns bisher entgangen ist.

Aus jeder Landschaft entsteht künftiges Gelände. In dem Moment, als unser Schlauchboot den unbändigen Kräften des Wassers ausgesetzt war, waren wir in denselben Prozess verwoben wie die Steine, die gegen den Fels des gewaltigen Gezeitenkanals schlagen.

Kiesel-Metronom

DIE TAGE vergehen, wir fahren Kilometer um Kilometer. Um unsere These zu untermauern, sammeln wir weitere Informationshappen, zur Richtung von Mineralen, zur Streichrichtung von Flächen, zur Mineralogie geschichteter Gesteine. Wir nehmen Proben und machen Aufzeichnungen. Doch das bloße Auge, Lupe und Gefügekompass sind dürftige Werkzeuge. Erst nach Laboranalysen werden wir mit unseren Funden eine Geschichte erzählen können. Wir haben aber immerhin einen ersten Eindruck, ein paar Fakten und erste Erkenntnisse gewonnen. Abends sitzen wir zusammen, reden über persönliche Probleme und Freuden und unsere Arbeit.

An jenem Tag waren wir von einer gewissen Genugtuung erfüllt. Die Scherzone war keine »normale Zone«, dort hatten erhebliche Bewegungsvorgänge stattgefunden, wie sie für konvergierende, alte Kontinente typisch sind.

Ich krieche aus dem Küchenzelt und spaziere zu dem kleinen Strand, der unser tundrabedecktes Felsband umrandet. Beim Weg über den Felshang nach unten, eine einfache Kletterei, geht mir unser letztes Gespräch noch durch den Kopf.

Der schmale, kurze Strand besteht vor allem aus Steinen und Kieseln, weniger aus Sand. Etwa zwei Meter davor und parallel dazu liegt ein drei Meter langer Felsblock im Wasser, der von der auflaufenden Flut gerade langsam überspült wird. Auch auf den Strand laufen unruhige, zappelige Wellen, aber nicht dort, wo das felsige Hindernis liegt. Hier rennt das Wasser kurz und wütend gegen den Fels, strömt dann rechts und links vorbei und bringt kleine Kiesel mit.

Ich gehe hinüber zu dem Stauwasser hinter dem Fels, stehe an der Wasserlinie und blicke über den Fjord. Wolken eilen über den Himmel und färben alles grau in grau. Im trüben Abendlicht ist die Küste gegenüber nur undeutlich zu erkennen, ein dunkler Schatten am Wasser. In Gedanken versunken, bemerke ich gar nicht, dass das Wasser steigt und schon an meinen Stiefeln leckt. Auf einmal spüre ich erstaunt, wie sie von Strudeln und Schaum durchnässt werden. Schnell trete ich einen Schritt zurück; die Kiesel knirschen: Kieselhügel und -täler verraten, wo sie vorher waren.

Mit der neu geschaffenen Topografie habe ich die sanft abfallende Fläche zerstört, die von Wellen bevorzugt wird. In Sekundenschnelle greifen sie nach dem zusammengewürfelten, aufragenden Kieselrand und werfen die Steine wieder dorthin zurück, wo sie vorher waren. Unermüdlich bearbeiten sie mein zufälliges Bauwerk; langsam kehrt der Strand wieder in seine ursprüngliche Form zurück, einen quasi ausgewogenen Zustand. Schon nach wenigen Minuten ist von den menschlichen Spuren fast nichts mehr zu sehen.

Es ist bitterkalt. Am Strand ist es höchst ungemütlich, doch durch die Stimmung bin ich wie gebannt. Ich schlage den Parkakragen hoch und schaue nach unten.

Die Kiesel am Strand sind erodierte Gneis- und Schieferstücke der verwitterten Felsen, die wir untersucht haben. Im Lauf der Zeit wurden sie flach, glatt und länglich abgeschmirgelt. Auffällig an ihnen ist meist nur, wie grau, undefinierbar und schlicht sie sind.

Ich sehe die Kiesel auch im Fjord, noch hinter der Gezeitenzone. Weil das Wasser glasklar ist, kann ich bis in die Tiefe schauen, bis dorthin, wo das Licht langsam schwindet und kaum noch etwas zu erkennen ist. Die Kiesel enden nicht an einer bestimmten Linie, sondern lösen sich in der Düsternis auf.

Ein graues, flaches Oval beobachte ich genauer. Es liegt, ein wenig gekippt, zwischen anderen Kieseln; eine dünne Kante ragt hervor. Eine Welle bricht sich am Strand, läuft plätschernd weiter und überspült den Kiesel. Als sie mit leisem Zischen zurückläuft, überschlägt er sich in einem kurzen Chaos aus Strudeln und Schaum. Eine Welle, ein Kiesel: Das Metronom der Prozesse hat ein weiteres Mal geschlagen.

Als wir das Gestein entdeckt hatten, das nach versengtem Haar roch, war uns noch etwas aufgefallen, was ich damals wenig beachtet hatte, das mir jetzt aber wieder einfiel.

Nachdem wir die Probe genommen hatten, fuhren wir am späten Nachmittag zu unserem Camp zurück. Wir hielten uns an der Küste, als dort hundert Meter weiter plötzlich ein grelles Licht aufblitzte, eine seltsame Reflexion zwei Meter über der Flutlinie.

Nachdem John gewendet hatte, fuhren wir langsam zurück und warteten darauf, dass es noch einmal blitzte. Diesmal merkten wir uns genau, wo der Blitz herkam, und steuerten auf die Stelle zu. Es gab dort keinen Strand, nur riesige, kantige Steine, die aus der steilen, hundert Meter hohen Felswand darüber gestürzt waren. Auf der Suche nach einer Sandbucht, an der wir anlegen konnten, glitten wir langsam meerwärts.

Als John schließlich anlegte, warnte er uns, dass die Flut bald kommen würde; wir hatten also wenig Zeit.

Wir nahmen unsere Hämmer, sprangen heraus und banden das Boot so gut wie möglich an mehreren Steinen fest. Der Fels war ein gutes Stück entfernt, hinter einem Schuttkegel, über den wir so schnell kletterten, wie es eben ging. Gleichzeitig schauten wir uns immer wieder um und vergewisserten uns, dass das Schlauchboot nicht abtrieb.

Der Fels war dumpf und dunkel olivgrün. Das Licht wurde von einer Fläche reflektiert, die dreißig Zentimeter lang und zwanzig Zentimeter breit, perfekt eben und beinah spiegelglatt war. Als wir uns die Stelle aus allen Richtungen anschauten, bemerkten wir, dass es sich nicht um eine einfache Sonnenspiegelung handelte, sondern dass sie aus mehreren parallelen, welligen Lichtbändern zusammengesetzt war. Der Effekt wurde von einem einzelnen, riesigen Kristall mit einer geschieferten Reflexionsfläche hervorgebracht, die aus Bändern ähnlicher Kristallstrukturen bestand, sogenannten »Zwillingen«. Um den Kristall herum verlief eine weiße, knapp einen Zentimeter starke Umrandung. Doch bei genauerer Betrachtung entdeckten wir, dass es nicht nur einen Kristall gab, sondern dass dort Hunderte riesiger Kristalle, alle mit weißem Rand, wie Mauerziegel aufgestapelt waren. Staunend und mit wachsender Begeisterung wurde uns klar, dass es sich um ein Kumulat aus riesigen Orthopyroxenkristallen handelte. Dass es so etwas geben musste, hatte man zwar schon lange vermutet, aber noch niemand hatte es gesehen.

Neue Kontinente bilden sich hauptsächlich aus Gesteinsschmelzen, die aus dem Erdmantel aufsteigen. Manche Schmelzen sind in der Lage, die Erdkruste zu durchdringen und als Lava an die wachsende Kontinentaloberfläche zu kommen. Andere Schmelzen sind jedoch zu zäh oder dicht, um die Erdkruste zu durchbrechen. Die Geologie geht davon aus, dass insbesondere eine Schmelze, die an der Entwicklung der Kontinente beteiligt ist, normalerweise an der Unterseite der Erdkruste stecken bleibt: Anorthosit. Das Gestein wird, so nimmt man an, in flüssigem Zustand unterhalb der neu entstehenden Kontinente festgehalten und kühlt erst im Lauf von Jahrtausenden oder Jahrmillionen langsam ab. Wenn sich das Magma durch die Abkühlung allmählich verfestigt, entstehen Kristalle, die schrittweise wachsen und sich am Boden der Magmakammer als Stapel ablagern. Dabei mussten sich, so die These, auch riesige Orthopyroxen-Kumulate bilden – schließlich hatte man in Anorthositen überall auf der Welt riesige Orthopyroxenkristalle gefunden. Doch die Kristallkumulate, die vermutlich den untersten Boden der Magmakammer bildeten, hatte bisher noch niemand gesehen. Wir hatten sie als Erste entdeckt. Die dünne weiße Umrandung erklärte sich als

Anorthosit-Schmelze, die zwischen die riesigen Orthopyroxen-Stapel geraten war.

Wir gingen das Kumulat ab, um uns eine Vorstellung von seiner Form zu machen, doch es endete schon nach wenigen Schritten an einem meterbreiten, stark gescherten Gesteinsband. In der anderen Richtung dasselbe. Als wir das gescherte Gestein näher untersuchten, stellten wir fest, dass es aus fein gemahlenen Resten der riesigen Kristalle bestand. Die gestapelten Orthopyroxenkristalle, die sich bei ihrer Entstehung vermutlich über Kilometer erstreckt hatten, waren zu Rauten von nur wenigen Metern Durchmesser abgeschliffen worden. Wir vermaßen, nahmen Proben und rannten zurück zum Boot. Die Flut hatte es schon angehoben, die Leine würde nicht mehr lange halten.

Wir kehrten noch zwei Mal zu der Stelle zurück, um durch weitere Beobachtungen und Proben die Bedeutung des Gesteins besser einschätzen zu können. Nach vielen Stunden Laborarbeit konnten wir später zeigen, dass sich die großen Kristalle in über dreißig Kilometer Tiefe in einer Magmakammer an der Unterseite eines alten Kontinents gebildet hatten, der vor über 2,8 Milliarden Jahren entstanden war. Die Kristalle und das kristallisierte Magma, von dem sie sich abgesetzt hatten, waren durch die knirschende Kollision der Kontinente, die wir erforschten, überarbeitet, umgewandelt und neuen Landmassen einverleibt worden.

Die simple Übertragung von Kraftimpulsen, das bisschen Wärme, das beim Zittern von Atomen verloren geht, und die Dynamik aneinander vorbeifließender, gegensätzlicher Massen: Die Umsetzung physikalischer Gleichungen zeigt sich an den in der Flut taumelnden Kieseln genauso wie in den Splittern gescherter Kumulate. Der Reichtum der Natur, der sich noch im Einfachsten zeigt, erfüllt mich mit Ehrfurcht.

Als Kai, John und ich wieder in unseren Forschungslaboren sitzen, können wir vieles, was wir gesehen haben, in Gleichungen beschreiben, die unseren Beobachtungen und Daten alle Ehre machen. Unser Ziel ist es, möglichst objektiv über die Details und Feinheiten der Geschichte zu berichten, die diese Gesteine erzählen.

Doch die quantifizierte Wirklichkeit, von der wir berichten, ist mehr als nur ein Analyseergebnis. Mithilfe von Gleichungen und den Daten von Massenspektrometern können wir das Alter unserer Proben berechnen. Die Gleichungen, die vor mehr als einem Jahrhundert aus der Atomphysik abgeleitet wurden, werden zu Zeitmaschinen, die die Vorstellungskraft beflügeln und Türen öffnen, durch die wir sehen, wie sich die Erdoberfläche unseres Planeten entwickelt hat. Mit anderen mathematischen Formeln berechnen wir die chemische Zusammensetzung von Mineralen, gewinnen neue Erkenntnisse über den Chemismus von Ozeanen und der Atmosphäre vor Jahrmilliarden und einen winzigen Einblick in die Entwicklung, die vom nackten Gestein zum menschlichen Gehirn führte.

Mit denselben Gleichungen konnte auch gezeigt werden, dass das Licht, in das das Universum getaucht ist, Hunderte energetischer Größenordnungen umfasst. Doch das tierische Sehvermögen wird durch organische Moleküle begrenzt, die nur einen winzigen Bruchteil des Lichtspektrums absorbieren und reflektieren. Wir ahnen nicht einmal in Umrissen, was es auf der Welt zu sehen gibt.

Ich bin nicht mehr der, der in Kangerlussuaq aus dem Flugzeug gestiegen ist. Gewissheiten, die ich für unumstößlich hielt – über die Welt, die Wirklichkeit, das Wissen –, haben sich gewandelt.

In der Abgeschiedenheit der Wildnis sind wir fern von dem Wirrwarr der Kultur, den Meinungen und Informationen, die unerlässlich auf uns einstürzen und die wir bewerten und auf die wir reagieren müssen. Hier müssen wir uns nicht unermüdlich anstrengen, alles in richtig oder falsch einzuteilen, denn die ungestüme Wildnis kennt keine Urteile, nur das Sein.

Auf dem Weg zurück zum Küchenzelt und zur Unterhaltung mit John und Kai fällt mir noch einmal auf, wie erschreckend zerbrechlich die Welt hier ist. Die Klippe am Fjordufer in der Nähe unseres Zelts erodiert deutlich. Darunter liegt ein Bollwerk aus aufgetürmten Steinen; es ist alles, was von der schwindenden Landschaft geblieben ist. An den Stellen, wo wir im Camp häufig hin- und herlaufen, zeichnen sich erste Trampelpfade ab, und allein in den Wochen, die wir jetzt hier waren, ist das Eisfeld auf der anderen Fjordseite sichtlich geschrumpft. Und so wird es weitergehen. Die Spuren, die wir in der Wildnis hinterlassen, werden schon in wenigen Monaten verschwunden sein, genauso wie die Abdrücke meiner Schuhe, die von den plätschernden Wellen vernichtet wurden.

Gletscher

DER ARFERSIORFIK Fjord erstreckt sich von der Davisstraße bis zum Inlandeis, über eine Länge von ungefähr hundertfünfzig Kilometern. Arfersiorfik heißt »wo die Wale sind« – oder so ähnlich, je nachdem, wen man fragt. Einer der Grönländer, die uns ins Gelände brachten, erklärte uns, der Name käme daher, dass die Fjordmündung im Winter oft eisfrei bleibe und die Wale dort Luft holen könnten.

Manchmal kann man das östliche Ende des Fjords nur schwer erreichen, weil das Eis der kalbenden Gletscher den Weg versperrt. Doch in diesem Jahr ist es warm und der Sommer früh gekommen. Weil wir diese Gegend schon lange erkunden wollten, brechen wir heute dorthin auf. Vor Jahren waren Geologen schon einmal in dem Gebiet gewesen, hatten es aber nur flüchtig kartiert. Wir haben keine genaueren Details. Laut unserer Karte befinden sich dort aber die Reste der Magmakammern, die den ersten Hinweis auf ein altes vulkanisches Gebirgssystem gegeben hatten. Ein Besuch ist also ein Muss.

Es wird ein langer Tag werden, mit vielen Stellen, die wir vermessen und von denen wir Proben nehmen wollen. Wir stehen früh auf, frühstücken kurz und fahren los. Es ist ein ruhiger, sonnendurchfluteter Morgen, die Wellen kräuseln sich sacht und gleichmäßig.

Wir halten uns dicht an der Küste und stoppen immer wieder, um das Gelände zu erkunden und Aufzeichnungen zu machen. Einige Stopps haben wir schon lange geplant; wir wollen damit Datenlücken schließen und herausfinden, was sich zwischen zwei gründlich erkundeten Orten befindet. Wenn wir einen unerwartet gefärbten oder strukturierten Fels entdecken, legen wir aber auch spontan an. Wie sonst auch, sehen wir bei jedem Halt Unbekanntes, gewinnen neue Einblicke und können so die geologische Geschichte mit weiteren Details abrunden. An einer Stelle treffen wir auf eine große Überschiebung direkt am Wasser, Zeugnis einer großflächigen Zone, in der es über Jahrmillionen Tausende großer Beben gegeben haben muss, ein ständiges Reiben und Rutschen. Woanders sind die mächtigen weißen Linsen einstiger Gesteinsschmelzen mit leuchtend blauen Turmalinen geschmückt, ein Beweis dafür, dass in den Kristallen, die bei der Kollision tektonischer Platten entstanden sind, Bor und andere Elemente aus dem Wasser alter Ozeane eingeschlossen sind. Wir schwelgen in unserem wissenschaftlichen Glück. Jeder neue Fund bestätigt die Geschichte einer intensiven, anhaltend mahlenden Deformation.

Während wir so heiter und ruhig dahingleiten und unsere Entdeckungen genießen, verwandelt sich die sanfte Hügellandschaft mit ihren bescheidenen Felsen langsam in eine Märchenwelt. Wir haben das Gefühl, als führen wir an einer malerischen Küste entlang und gleich hinter der nächsten Biegung warte ein Landgasthof mit weißen Giebeln auf uns. Noch der kleinste Kiesel oder Grashalm wirkt wie verzaubert.

Doch als wir um die nächste Landspitze biegen und den Fjord hinunterschauen, werden wir in die harte Wirklichkeit unserer geologischen Arbeit zurückgeholt. Einige Kilometer vor uns ragt ein rosa-grauweißer Felshang mehrere Hundert Meter in die Höhe, ein ernüchternder, überraschender Kontrast zur bisherigen Landschaft. Im obersten Bereich besteht er aus dunkelgrauem Nebengestein, wie es für diese Gegend typisch ist und das wir mittlerweile gut kennen, doch ansonsten ist er mit wesentlich hellerem Gestein durchsetzt: Kantige geometrische Stränge, Finger und mächtige Adern überziehen wie ein heller Flickenteppich das graue Wirtsgestein. In der rosa-weißlichen Wand sind über hundert Meter lange und zig Meter breite dunkelgraue Blöcke gefangen gesetzt, Xenolithe, wie sie im Lehrbuch stehen. Wir sind über den oberen, erodierten Bereich einer großen Granitintrusion gestolpert, die so komplett freiliegend noch kaum beobachtet worden war. Was wir vor uns sehen, ist der obere Teil einer großen Magmakammer.

Wir alle hatten schon schematische Zeichnungen von aufwärts strebenden Magmakörpern gesehen, die den Raum der brechenden und sich am Boden der Magmakammer ablagernden Dachblöcke ihres Wirtsgesteins einnehmen. Aber das hier ist einfach gigantisch. Das hatte noch keiner von uns gesehen.

John gibt Gas, und in Minutenschnelle legen wir am westlichen Ende des Magmakörpers an. Der Granit und die schwebenden geometrischen Blöcke bilden wunderschöne Muster: Die rosafarbene Intrusion ist mit winzigen, perfekt pinken Granaten gespickt, und die schwebenden

Blöcke besitzen eine kräftige schwarze Umrandung. Im Granit glänzen hellbraune und schwarze Glimmer, und alles ist mit schwarzen und weißen Mineraladern durchzogen.

Das Gestein, über das wir gehen, ist nur der obere Teil einer Magmakammer, die nach der Kontinentkollision langsam durch die Erdkruste nach oben gestiegen ist. Das Magma hatte sich aus Gestein gebildet, das tief in die Erde gedrückt und über seinen Schmelzpunkt hinaus erhitzt worden war. Aus der Schmelze war ein einziger Körper entstanden, der in dem Wirtsgestein dann langsam nach oben stieg. Dabei gab er Wärme an die kühleren Gesteine ab, die er passierte, und wurde irgendwann fest. Und nun liegt er nach beinah zwei Milliarden Jahren Aufstieg und Erosion frei in der Sonne, als perfekter Boden für unsere Stiefel.

Als es Mittag wird, packen wir unsere Proben ein und fahren weiter landeinwärts, in der Hoffnung auf eine Stelle, an der wir den Rand des Inlandeises erforschen können. Doch unsere Hoffnung wird enttäuscht. Als wir etwa einen halben Kilometer von der riesigen Eiswand entfernt sind, wird der trübe Fjord immer zäher vom Silt. Weil wir schlammige Untiefen jetzt nicht mehr sehen können, könnten wir mitten im Fjord auf Grund laufen und das Schlauchboot nicht wieder frei bekommen. John wendet vorsichtshalber, steuert aufs Nordufer zu und legt an.

Wir lassen uns auf einem grasbestandenen Felsvorsprung nieder, essen zu Mittag und blicken zum Eis; trotz der Ferne ein atemberaubender Anblick. Unterhalb der

Gletscherwand türmen sich chaotische Halden aus abgebrochenen Eisblöcken, Zeugen vergangener Gletscherbrüche und Lawinen. Mit der Flut werden kleinere Eisblöcke in den Fjord gespült, in vielfältigster Form treiben sie träge in der Strömung. Um uns herum im eisigen Wasser hüpfen überall Möwen auf und ab. Ab und zu fliegt eine hoch, landet auf einem Eisblock und gleitet vor uns lässig durch den Fjord; schließlich verlässt sie den schwimmenden Untersatz wieder, fliegt zurück und startet die nächste Fahrt. Manche Möwen machen das mehrmals. Ob sie hoffen, dass wir sie füttern, was wir nicht tun, oder nur ihren Spaß haben, wird nicht klar.

Ich habe mich immer gefragt, wie es wohl ist, auf einem Eisberg zu treiben: Wie ist seine Oberfläche beschaffen, wie schnell schwimmt er, wie fühlt er sich an? Als ich Kai und John davon erzähle, überlegen wir eine Weile, was wir machen sollen. Dann beschließen wir, zumindest kurz zu versuchen, mich auf einen vorbeitreibenden Eisblock zu hieven.

Wir essen zu Ende und packen.

Doch ehe wir wieder ablegen, holt John die Kamera aus dem Rucksack, gibt sie mir und fragt mich leicht verlegen, ob ich wohl ein Foto von ihm vor dem Gletscher machen könne. Er geht an den Rand des schmalen Vorsprungs, auf dem wir sitzen. Hinter ihm strahlt die gigantische weiße Gletscherwand in der Nachmittagssonne. Er stellt sich aufrecht hin, nimmt den Kopf ein wenig zurück, steckt die Hände in die Hosentaschen, dreht sich etwas zum Eis und sagt: »Jetzt.«

Reihum posieren wir für ein Foto.

Dann beladen wir das Boot und nehmen Kurs auf einen ungefähr drei Meter langen und eineinhalb Meter breiten Eisberg. Wo er das Wasser berührt, hat der Schmelzprozess den Rand ausgekehlt und eingeschnitten. Darüber zieht sich ein schmaler Sims und umrahmt sorgfältig modellierte und fein geklöppelte Rücken, Finger und Hügel. Es wirkt, als habe jemand einen Skulpturengarten angelegt, dessen abstrakte Gebilde und Muster sich nun langsam, aber beinah unmerklich auflösen.

Als ich John bitte, näher heranzufahren, damit ich, wenn möglich, auf den Eisberg klettern kann, lenkt er das Boot langsam bis an den Rand und versucht, es dort zu halten.

Der Eisberg funkelt in der Sonne, winzige Eiskristalle überziehen ihn mit einem fragilen, verhakten durchsichtigen Etwas. Vorsichtig schiebe ich mich auf die eine Schlauchbootseite und strecke einen Fuß aus. Der kristallene Teppich knackt unter meinem Schuh, und der Eisblock gerät sofort ins Wanken und kracht gegen das Boot. Sein Gleichgewicht ist überraschend instabil. Da wir nicht wissen, wie er unter Wasser aussieht und ob er umkippen und auf uns stürzen kann, fahren wir schnell weiter und lassen ihn fortschwimmen.

Den restlichen Tag verbringen wir an der Südküste des Fjords, dann machen wir uns auf den Rückweg. Leichter Wind kommt auf und bläst uns ins Gesicht. Wir brauchen lange für die unruhige Rückfahrt.

Gletscher kennen auf unserem Planeten keine Beständigkeit. Doch wenn aus Schnee Eisfelder und riesige kalbende Gletscherwände werden, verändert sich nicht nur die Form. Gletscher verändern das Licht, besitzen eine eigene Stimme, die Laute erzeugt, und reagieren auf Berührung. Sie sind eine beeindruckende Welt für sich. Das hatte ich schon Jahre zuvor in Grönland erfahren, allerdings nicht an der Küste. Wo das Inlandeis auf Land stößt, kilometerweit vom nächsten Fjord entfernt, war ich einem Gletscher aus der Nähe begegnet. Dass die Grenze zwischen Gletscher und Gestein gewissermaßen willkürlich war, war für mich so etwas wie eine Offenbarung.

Mit anderen Forschern war ich von Kangerlussuaq aus aufgebrochen und in einem alten Armeelaster über eine kurvige, matschige Piste mehrere Kilometer landeinwärts gefahren. Wir erreichten schließlich einen Berg, von dem aus es nur noch wenige Fußminuten bis zur Gletscherwand waren. Vor uns lag ein Tundrabiom, das nach zehn Metern abrupt endete. Dahinter hatte der weiterwandernde Gletscher einige Jahre zuvor Erde und Pflanzen abgeschabt und, als er sich wieder zurückzog, den funkelnden Fels freigelegt, der in den letzten Jahrtausenden mehrfach abgeschmirgelt und blank poliert worden war.

Wir standen am südlichen Rand eines Vorlandgletschers der Eiskappe. Rechts lag eine fünfzehn Meter hohe Geröll- und Schlammmoräne, die kilometerweit an der Gletscherfront entlanglief. Sie war durch den weiterwandernden Gletscher aufgeworfen worden, aber durch den Klimawandel und die wärmere Luft war der Gletscher geschmolzen und hatte den Kontakt zur Moräne größtenteils verloren.

Vor uns erstreckte sich ein riesiges Gletscher-Amphitheater, teils voller Felsgewirr, das auf dem Gletscher herabgerollt war. Das Amphitheater endete, zighundert Meter weiter links, mit einer weiteren massiven Wand, in der sich ein riesiges Gletschertor befand und sich als Höhle Hunderte Meter weit im Gletscher fortsetzte, wie weit genau, ließ sich nicht sagen, weil weiter hinten tiefer Schatten lag. Es konnten vierhundert Meter oder auch mehr sein. In dem Gletschertor stürzte ein Wasserfall mindestens zehn Meter in die Tiefe und ergoss sich als kaskadenartiger Fluss über die Eisblöcke, die den Boden bedeckten. Er rauschte aus dem Gletschertor und floss an der Gletscherfront vor uns entlang, eine beständige flüssige Grenze zwischen Eis und Fels.

Aus der Gletscherwand war ein tiefes Grollen, Knacken und Knallen zu hören. Neugierig ging ich näher heran. Ich hatte mir Gletscher immer als endlos weiß und still vorgestellt, doch nun hörte ich eine hämmernde Klangkakofonie und sah ein erstaunlich komplexes Gebilde aus hellblauem Eis, braunen Bändern und sämtlichen Spielarten von Weiß.

Die Wand war Wasser, das vor Jahrtausenden und Hunderte Kilometer weiter östlich vom Himmel gestürzt war. Es war eingesunken und gepresst worden, rekristallisiert, bis zur Gletscherunterseite abgetaucht und hatte vom felsigen Untergrund Gestein abgeschabt und pulverisiert. Jahr für Jahr war es ein paar Zentimeter weitergewandert, und nun lag es für jeden sichtbar an der Gletscherwand; wieder wurden die Wassermoleküle von der Sonne beschienen, schon bald würden sie erneut frei sein und mit dem Fluss ins Meer schwimmen. Der Kreislauf würde von Neuem beginnen. Das Wummern, Knallen und Krachen stammte vom gefrorenen Wasser, das über den Fels schabte und auf seinem Weg in die Freiheit aufbrach, riss und Spalten bildete.

Schließlich liefen wir an dem Amphitheater entlang. Die Eisblöcke lagen als chaotisches, unüberwindbares Labyrinth am Boden. Manche waren nur faustgroß, andere haushoch, aber alle waren scharfkantig, wackelig und schwer einzuschätzen. Ich drehte mich gerade zu den anderen um, um ihnen zu sagen, wie gern ich mal einen Gletscherbruch erleben würde, als von der Rückseite des Amphitheaters ein gewaltiges Knacken ertönte, das in der gesamten Eislandschaft widerhallte.

Langsam, beinah unmerklich geriet ein riesiger Teil der Gletscherwand ins Wanken. Erst schien sie sich nur leicht zu verschieben, und kleinere Eisstücke stürzten herab – wie in Zeitlupe und wie in anderen Schreck- oder Gefahrenmomenten.

Scheinbar sekundenlang, auch wenn das nicht sein konnte, sah ich, wie das Eis entlang des gesamten Amphitheaters knackte, Risse bekam, bröckelte, ins Rutschen geriet und dann im freien Fall abwärts stürzte. Mit furchterregendem Getöse und Gebrüll knallte es ins Chaos der Eisblöcke, die schon am Boden lagen. Überall flogen Eisbrocken herum. Manche sprangen zurück, wenn sie auf den Resten der früheren Abbrüche aufkamen, andere zerbarsten in tausend Stücke und prallten von der Gletscherwand ab. Einige baseballgroße Brocken flogen direkt auf uns zu, landeten im Fluss oder zerplatzten um uns herum auf dem polierten Fels. Dann war der Spuk auch schon vorbei, und das Gebrüll verklang. Die frühabendliche Brise trieb wie Nebel Eisstaub vor sich her, der sich schließlich auflöste, und der Gletscher kehrte, in leicht veränderter Anordnung, wieder zur alten Ruhe zurück.

Überall verstreut lagen glitzernde Edelsteine aus zerborstenem Eis. Ich hob einen auf, ein Kristall aus gefrorenem Wasser, so groß wie ein Tischtennisball, leicht unregelmäßig, aber sanft gerundet. Ein zauberhaft geschliffenes Juwel, vollkommen durchsichtig, im Inneren sah man sorgfältig aufgefädelte Luftbläschen. Die glatten, unregelmäßigen Rauten waren von einem hauchdünnen Wasserfilm überzogen. Ich hielt den glasklaren Kristall, der von beeindruckender Brillanz und Klarheit war, vors Auge und schaute wie durch eine Linse auf die Gletscherwand.

Dann legte ich ihn auf die Hand und betrachtete ihn von allen Seiten. Die flüssig-glatte Oberfläche war einfach unwiderstehlich. Ich steckte ihn in den Mund.

Natürlich war er kalt, doch er schmeckte fast genauso wie erwartet: klar, frisch und mild. Eine große Ruhe überkam mich. Doch dann erschrak ich: etwas roch. Ich atmete tiefer ein, und auf einmal wurde ich von einem Geruch nach Himmel, Luft und Erde überwältigt. Ich nahm das Eis aus dem Mund, hob einen weiteren Kristall auf, hielt ihn vor die Nase und schnupperte: Es roch subtil, aber beharrlich nach etwas irgendwie Ursprünglichem, nach etwas, das nur es selbst war. Es erinnerte an Feuerstein und Funkenschlag, an Flussufer voller Kieselsteine, doch es gab darin auch etwas Muffiges. Der Kristall weckte tief verwurzelte Gefühle in mir, die auf längst vergangene Erfahrungen an Orten mit Wasser und Steinen zurückgingen. Ich schnupperte noch einmal und versuchte, den Eindruck festzuhalten, doch er schwand so schnell, wie er gekommen war.

Der Geruchssinn ist tief im Schaltplan unseres Gehirns verankert. Unsere Riechorgane übermitteln Botschaften an den Riechkolben, und dessen weitergeleitete Informationen werden zu unseren kognitiven und unbewussten Erfahrungen. Auch wenn der Geruchssinn artabhängig ist, ist er im Grunde bei allen Tieren gleich. Er scheint schon zu einem frühen Zeitpunkt der Evolution perfekt entwickelt gewesen zu sein: Bereits seit Hunderten von Jahrmillionen lassen sich die Lebewesen davon leiten. Konnte es nicht sein, dass wir in der Schule der Evolution bestimmte Lektionen gelernt hatten, etwa über die positive oder negative Bedeutung von Gerüchen, die dann auch das Verhalten beeinflussen? Vielleicht wurden solche Sinneswahrnehmungen, weil sie für das Überleben nützlich waren, ja an künftige Generationen weitergegeben? Und könnte es bei einer der Lektionen, die die Menschheit gelernt hat, nicht auch um den Geruch nach Eis und seine möglichen Implikationen gegangen sein? Vielleicht erzählte der Geruch ja von der Gefahr eines Gletscherbruchs, von der Chance auf wollige, fleischige Mammuts, Fisch und Beeren oder von Marschlandschaften mit lästigen Mücken.

Ich stellte mir eine Gletscherwand in der Welt der Steinzeit vor. Auf der Suche nach Nahrung verfolgte ein steinzeitlicher Jäger die Spuren eines Tiers. Mit seiner Gruppe wanderte er durch Gegenden wie diese, las auf Gletschern und Felsen die Spuren, versuchte, eventuelle Gefahren abzuschätzen und zu erschließen, wo sich Rentiere, Mammuts, Moschusochsen und Polarfüchse aufhielten. Abends mussten die Jäger einen Platz finden, wo sie geschützt vor Wind, Nässe und Kälte übernachten konnten, auch wenn sie sicher abgehärteter waren, als ich es mir je vorstellen könnte. Tagsüber sammelten sie Pflanzen und suchten Steine, die sie später schleifen würden. Sie redeten miteinander in einer längst vergessenen Sprache.

Damals war die Erde schmucklos, eine Wildnis, die Landschaft und Leben prägte. Die Menschheit wanderte darin umher wie auf einer zwanglosen Bühne, Zeit war noch bedeutungslos.

Die Robbe

DIE GEOLOGIE gräbt in der Vergangenheit; neue Erkenntnisse legen Schichten einer überraschend komplexen Geschichte frei.

Nach unserer dritten Expedition war eindeutig klar, dass die Scherzone beim tektonischen Showdown eines Gebirgsbildungsdramas wie eine Wunde in den Nordrand des Kollisionsgebiets gerissen worden war. Wie die frühere Forschung vermutet hatte, hatte es dort starke tektonische Bewegungen gegeben. Kai und John hatten die Region zu Recht als Scherzone bezeichnet. In den neueren geologischen Karten und Veröffentlichungen würde man den Begriff »Parallelgürtel« wieder durch »Scherzone« ersetzen müssen.

Doch wie die kristalline Struktur von Mineralen an kleineren, verstreuten Fundorten zeigte, waren einige Gesteine vor der Kollision mindestens hundertfünfzig Kilometer in die Erde abgetaucht. Und diesen Teil der Geschichte hatte noch keiner erzählt. Die Ungewissheit war nicht kleiner geworden, sondern sah nur anders aus. Es stellten sich jetzt neue Fragen.

Eine Frage war, welche Bedeutung den Gesteinen zukam, die so tief in die Erde abgesunken waren. Weltweit gab es nur wenige Fundstellen, an denen Gesteine unter sogenannten ultrahohen Druckbedingungen (UHP) metamorph umgewandelt worden waren, also unter Druckbedingungen von über 27 000 Bar, die erst ab hundert Kilometer Tiefe herrschen. Alle Fundstellen zeugten von uralten Subduktionszonen, und diese lagen stets dort, wo Kontinente kollidiert waren. Die Erdgeschichte, die wir für unser Forschungsgebiet in Grönland annahmen, wurde also durch weltweite Funde bestätigt. Doch war darunter kein Fund, der älter war als neunhundert Millionen Jahre. Es gab verschiedene Thesen, um dieses relativ junge Alter, verglichen mit viereinhalb Milliarden Jahren Erdgeschichte, zu erklären. Nach einer These hatten sich die unter diesen Druckverhältnissen entstandenen Minerale durch ihre inhärente Instabilität zu Mineralen zurückgebildet, die bei niedrigeren Druckbedingungen stabiler waren. Die maximale Lebensdauer der unstabilen Minerale musste demnach bei neunhundert Millionen Jahren liegen. Nach einer anderen These hatte es vor diesem Zeitpunkt noch gar keine plattentektonischen Prozesse mit sich ausdehnenden Ozeanböden und Subduktionszonen gegeben, wie wir sie heute kennen. Die Plattentektonik äußerte sich, so diese These, in noch nicht näher erkannten Mechanismen, mit flacheren Konvergenzzonen und ohne tiefe Subduktion. Doch wie auch immer: Wir brauchten eine Erklärung für das außergewöhnlich hohe Alter der unter ultrahohen Druckbedingungen entstandenen Gesteine, die wir gefunden hatten. Entweder musste für das hohe, genauer gesagt doppelt so hohe Alter unserer Proben also ein ungewöhnlicher lebensverlängernder Mechanismus verantwortlich sein, oder es hatte doch schon früher plattentektonische Prozesse gegeben, die man anderswo nur noch nicht nachweisen konnte. Da unser Fund so außergewöhnlich war, gingen wir davon aus, dass hier mit ziemlicher Sicherheit eine Kombination von beidem vorlag.

Und wir standen noch vor einem weiteren Rätsel. In einer Probensammlung, die über vierzig Jahre von verschiedenen Forschern angelegt und erforscht worden war, hatten wir zwei Proben entdeckt, die von ultrahohen Druckbedingungen zeugten. Das war bislang noch niemandem aufgefallen, unter anderem weil die Eigenschaften und Zusammensetzungen der Minerale, die das belegten, erst kürzlich geklärt werden konnten. Doch warum deuteten nur zwei von Hunderten Proben, die wir überprüft hatten, auf derartige Druckbedingungen hin? Waren alle anderen Spuren durch spätere Ereignisse wie Scherungen ausgelöscht worden und nur sehr wenige Gesteine davon verschont geblieben? Oder war die gesamte Region ein tektonisches Chaos, das Gesteine aus völlig unterschiedlichen Gegenden und mit vollkommen anderer Geschichte zusammenzwang?

Auf unserer vierten Expedition wollen wir diese Fragen klären. Wir wollen mehrere Wochen an verschiedenen Stellen kampieren und so Schlüsselfundstellen erforschen, die über Tausende von Quadratkilometern verstreut liegen. Wir beauftragen Carsten, dem ein kleines Kajütboot in Aasiaat gehört, mit der Logistik. Er wird uns fahren, wenn wir den Standort wechseln, und sich an unseren Camps um das Boot kümmern.

Eines unserer Ziele ist ein Bereich, an dem John vor Jahren schon einmal gearbeitet hat. Uns erwartet dort eine zwölf Kilometer lange Bergwanderung entlang an Marmorfelsen, die durch tektonische Bewegungsvorgänge mit sehr altem Gneis durchsetzt wurden. John hatte das Gebiet für seine Doktorarbeit schon einmal kartiert, allerdings zu einer Zeit, als sich die plattentektonischen Modelle für die Kollision ganzer Kontinente noch nicht allgemein durchgesetzt hatten. Damals lautete das Paradigma noch »Geosynklinaltheorie«. Sie ging von Hunderte Kilometer breiten und Tausende Kilometer langen Großmulden aus, die über den gesamten Globus verstreut waren. Diese verschoben sich nicht wie tektonische Platten auf der Erdoberfläche, senkten sich aber mit der Zeit immer tiefer ab und füllten sich dabei mit Sedimenten. Irgendwann, so die Theorie, wurden die Mulden durch unbekannte Mechanismen instabil und zusammengepresst, und gewaltige Gebirgssysteme hoben sich heraus. Da sich die damals gesammelten Daten an der Geosynklinaltheorie orientiert hatten und für plattentektonische Theorien nur bedingt brauchbar waren, wollten wir das Gebiet noch einmal genauer erkunden und überprüfen, inwieweit es zu unserem neuen Bild passte.

Es ist ein grauer, stiller Morgen. Ruhig und sicher fahren wir an der Küste entlang. Wir suchen die Mündung eines kleinen Fjords, an der wir anlegen und loslaufen wollen. Da das Gelände bergig, aber nicht zerklüftet ist, können wir die Wanderung leicht an einem Tag schaffen.

Als wir den Fjord erreichen, ist Ebbe. Wir können die kurze Strecke vom Boot ans Ufer problemlos im Ruderboot zurücklegen, das am Heck vertäut ist. Wir werfen unsere Rucksäcke mit Hämmern, Essen und Wasser hinein. Doch als wir gerade los wollen, taucht einige Hundert Meter weiter vorn, steuerbord und leicht achtern, der Kopf einer Robbe aus dem Wasser. Sie reckt sich, beobachtet uns neugierig, hält aber Abstand. Carsten, der sie sofort gesehen hat, ist aufgeregt und sieht schon das Mittagessen, den Pelz und das Dörrfleisch für seine ganze Familie vor sich.

Er rennt zur Kajüte, greift nach dem kleinkalibrigen Gewehr, das über der Backbord-Tür hängt, überprüft das Magazin, lädt nach, springt dann ins Ruderboot und rudert hastig los. Während er uns umsichtig ans Ufer fährt, schaut er sich alle paar Sekunden nach der Robbe um. Sobald wir ausgestiegen sind, rudert er eilig zum Boot zurück und nimmt Kurs auf die Robbe, das Gewehr auf dem Armaturenbrett hinterm Steuerrad. Laut Plan sollen wir ihn zur Abendbrotzeit im Camp wiedertreffen.

Wir entdecken das Marmorgestein, nach dem wir suchen, gleich hinter dem steinigen Strand, an dem wir angelegt haben. Es ist mittelgrau, ungefähr zwei Meter breit und zwischen zwei bräunlich-schwarzen Gneisen eingeklemmt. Wir wandern an dem Fels entlang, beeindruckt von seiner verwickelten Verfaltung und den gedehnten Einschlüssen, die ihn schmücken. Vor uns haben wir eindeutig das Ergebnis einer extremen Scherung, das noch dazu genau zu der Belastung von Gesteinen passt, die in einer Kollisionszone zwischen Kontinenten zerrieben wurden. Noch ein Pflock, den wir in den Boden rammen können.

Während wir weitergehen und reden, sehen wir neben

uns immer wieder Wiesen, kleine Tümpel und neue Pflanzen, botanische Freuden, die wir gar nicht erwartet hatten. Am Fuß eines knapp zwei Meter hohen Felsens liegt ein gefalteter Teppich aus dickem dunkelgrünen und braunen Moos. Verwirrt betrachte ich ihn, noch nie habe ich Moos gesehen, das so üppig gefaltet wächst. Doch dann wird mir klar, dass es gar nicht so gewachsen sein kann. Es war den Fels hochgewuchert und hatte ihn mit einer weichen fotosynthetischen Decke überzogen. Nachdem es Jahrzehnte oder sogar Jahrhunderte ungestört weitergewachsen war, war es irgendwann so dick geworden, dass die fragile Verbindung zwischen Fels und Pflanze nicht mehr hielt. Die Moosmasse stürzte ab und liegt jetzt als gefaltete Pflanzendecke vor dem nunmehr nackten Fels. Um sie herum stehen leuchtend gelbe, fingerdicke, gefiederte Stiele, ein unbekannter Pilz. Als Pilzforscher wäre ich im siebten Himmel. Doch ich bin Geologe und gehe nur verwundert und staunend weiter.

Plötzlich knallen und krachen aus einiger Entfernung Gewehrschüsse herüber. Kurz und scharf kontrapunktieren sie unsere Hammerschläge. Sie werden uns die nächsten Stunden begleiten.

Am späten Nachmittag erreichen wir dann eine Anhöhe, mehrere Hundert Meter oberhalb und über einen Kilometer von der Bucht entfernt, wo wir unser Camp aufgebaut haben. Wir sehen, dass Carstens Boot ziemlich nah vor der Küste ankert, und fragen uns, ob er die Robbe wohl erwischt hat; das können wir aus der Entfernung nicht erkennen.

Zwanzig Minuten später haben wir die Bucht und unser Camp erreicht. Carsten steht auf einer Felsschulter am Ufer, die Robbe vor sich. Mit präzisen und routinierten Handgriffen zieht er ihr das Fell ab. Sorgfältig achtet er darauf, dass die Haut sauber und schnittfrei und das Fleisch gründlich abgespült ist. Schließlich lädt er die Haut und den gesäuberten, zerlegten Tierkörper ins Ruderboot und fährt zum Kajütboot hinüber. Nach einer Weile holt er uns mit dem Ruderboot zum Abendessen ab.

Auf Dänisch erklärt er Kai, dass er eine lokale Spezialität zubereite, die uns aber wahrscheinlich nicht schmecken würde. Nach einer etwas zögerlichen Übersetzung verstehen wir schließlich, dass er die Innereien waschen und mit ein paar Zutaten kochen will. Der Geruch, so sagt er, würde uns bestimmt stören. Als wir unser eigenes Abendessen vorbereiten, geht er. Kai kocht für uns in der Bordküche, während Carsten am Heck mit seiner Mahlzeit beschäftigt ist. Das Leben in Grönland ist eng mit dem Meer verwoben, ein ausgewogenes, vielfältiges Leben, in dem nichts selbstverständlich ist.

Ich muss wieder an ein Erlebnis auf meiner ersten Expedition denken. Damals waren wir in Sisimiut und wollten gerade mit einem kleinen Fischtrawler abfahren. Der Tag war kühl, wir trugen Anorak oder Parka, Wollmütze und Handschuhe. Wir luden vom Dock aus unsere Sachen aufs Boot und hievten sie über die Reling zu Kollegen hoch, die sie sicher an Deck verstauten. Nur die Lebensmittelkisten kamen nach unten. Als ich gerade einen vollgepackten Rucksack hochreichte, fiel mein Blick auf das Dock nebenan. Zwei Männer reparierten dort Fischernetze, mit flinken Fingern und ohne Handschuhe machten sie zum Stopfen der Löcher Knoten. Auf einmal drehte sich der eine zum niedrigen Dach einer Kabine um und ergriff ein Messer, das neben einer kleinen toten Ringelrobbe lag. Fast beiläufig schnitt er ein Stück vom Speck ab, steckte es in den Mund und arbeitete dann weiter. Eine kleine Zwischenmahlzeit, ehe er aufs Meer hinausfuhr. Die Robbe würde so lange reichen, wie die Männer fischen gingen.

Carsten isst allein an einer windabgewandten Stelle an Deck. Beim Essen schauen wir, von seinem Heißhunger beeindruckt, ab und an zu ihm hinüber. Doch plötzlich steht er mit einem Teller Robbenfleisch in der Bordküchentür und fragt uns, ob wir mal probieren wollen. Er reicht den Teller herum, und wir nehmen jeder ein Stück.

Das Fleisch auf dem Teller sieht aus wie zähes Rindfleisch, sehr dicht und mit deutlicher Faserung. Fett ist kaum zu sehen. Es riecht seltsam süßlich und ein wenig nach Wild. Ich beiße ab und erwarte, dass es so ähnlich schmeckt wie das Rentier, das ich vor Jahren einmal probiert habe. Doch obwohl es zäh wie manches Rindfleisch ist und auch ein bisschen danach schmeckt, habe ich völlig unerwartet einen überaus kräftigen Fischgeschmack im Mund.

Wer an einem Ort lebt, sucht dort auch nach Nahrung. Eine Robbe weiß, wie sich Fische bewegen und welche Gewohnheiten und Eigenschaften sie haben. Ihr Gehirn ist an die Fischjagd angepasst, sie erkennt, wo wahrscheinlich Fische sind, welchen Fluchtweg sie nehmen und wie viel Ausdauer sie brauchen, um erfolgreich zu fliehen. Das haben Robben in Jahrmillionen geglückter und vergeblicher Jagd gelernt und vererbt. Wie eine Robbe einen Ort erlebt und wie sie sich dort bewegt, ist unweigerlich davon geprägt, welche Nahrung sie dort sucht und was sie dann frisst. Sie lebt ihr Leben auch mit dem Blick des Fischs.

Was würde ich denken, wenn ich von meinem eigenen Muskelfleisch kosten würde? Was würde ich über mein Leben auf dieser Welt erfahren: Wonach ich suche, wie ich lebe? Wovon würde der Geschmack bestimmt werden? Auch wir haben zweifellos, wie die Robbe, einen Blick auf die Dinge geerbt. Wie wir die Landschaft, das Wasser oder den Himmel betrachten, hängt von unserem evolutionären Wissen ab, das unser Überleben sichert. Wir sind die Gesamtsumme unseres evolutionären Erbes und die Verkörperung der gelernten Lektionen.

Wenn man in der unberührten Wildnis lebt, wird die vergessene Sprache des Geschmacks erneut zum Leben erweckt. Weil in ihrem Vokabular der Ort zum Ausdruck kommt, kann man damit die Geschichte eines Lebens, wo und wie es gelebt wurde, beschreiben. Die Sprache des Geschmacks kennt Fauna und Flora, Land und Gewässer und das sich im Jahreskreislauf wandelnde Licht.

Zugehörigkeit

WIR SIND seit über vier Wochen hier, und unsere Zeit im Gelände geht zu Ende. Die Kontroverse über die richtige Interpretation der Geschichte dieser Region haben wir gelöst, doch nun müssen neue komplexe Fragen beantwortet, Hinweise auf eine noch frühere Geschichte berücksichtigt werden. Es drängt uns, die nächste Arbeitsphase in Angriff zu nehmen, aus unseren Messungen und Beobachtungen einen schlüssigen Bericht zu erstellen, unsere Proben zu untersuchen und zu analysieren. Und wir freuen uns auf Familie und Freunde und die moderne Welt mit ihren Annehmlichkeiten. Schon bald wird uns der Hubschrauber abholen und nach Kangerlussuaq bringen.

Kai hat den Landeplatz mit einem riesigen X aus weißen Stoffstreifen markiert, die er extra zu diesem Zweck mitgebracht hat. Der Landeplatz liegt in der Nähe unserer Zelte, auf einem Felsvorsprung des Berges, den ich in der ersten Nacht erklommen hatte. Der Platz ist gerade so groß, dass die Rotorblätter nicht gegen die Felswand knallen. Die grönländische Landschaft kommt der modernen Technologie nicht entgegen. Der Morgen ist grau und kühl, vom Fjord weht eine Brise herein. Es wird wohl ein beißend kalter Abschied werden.

Schon gestern haben wir die restlichen Vorräte und die

Ausrüstung, mit der wir zurückfliegen wollen, eingepackt. Hunderte Gesteinsproben mussten in Zeitungspapier gewickelt, mit Identifikationsnummer und Fundortkoordinaten gekennzeichnet und schließlich in Holzkisten verstaut werden. Der Trawler mit dem blauen Rumpf, der uns hergebracht hatte, würde sie später abholen und nach Aasiaat bringen. Von dort würden sie dann nach Dänemark verschifft. Wir haben noch einmal alles überprüft, um sicherzugehen, dass wir Längen- und Breitengrade korrekt notiert haben und die Beschreibungen der Proben mit unseren Aufzeichnungen übereinstimmen. Dann haben wir unseren Müll aufgesammelt und ihn bei Ebbe am Strand verbrannt.

Jetzt zeugen nur noch die Kisten mit den Proben von unserer Anwesenheit. Die Zelte haben wir am frühen Morgen abgebaut.

Der Hubschrauber kündigt sich schon Minuten vor der vereinbarten Ankunftszeit an. Wir hören aus der Ferne, wie die Rotorblätter die Luft durchschneiden, RRR-RRR-RRR. Das Geräusch kommt von der anderen Seite des Fjords, kilometerweit aus dem Süden, und hallt zwischen den hohen Fjordfelswänden wider. Wir kneifen die Augen zusammen, um besser sehen zu können, erkennen aber noch nichts.

Vor einigen Tagen haben drei grönländische Familien, fast die einzigen Menschen, die wir hier überhaupt gesehen haben, ihre Zelte auf der Landzunge nahe dem Fluss aufgebaut, wo wir Wasser holen und baden. Sie sind zur Rentierjagd gekommen. Wir hatten nur einmal Kontakt zu ihnen, am Tag nach ihrer Ankunft.

Wir waren am späten Nachmittag von unserer Arbeit zurückgekommen, als vier Kinder auf dem Felsvorsprung standen, unter dem wir Treibstoff und Nahrungsmittel lagerten. Sie beobachteten, wie wir anlegten, das Schlauchboot festzurrten und Gesteinsproben und Ausrüstung ausluden. Wir winkten, aber die Hände der Kinder blieben in den Anoraktaschen. Zu unserer Ausrüstung gehörten auch Ersatz-Schwimmwesten. Als wir unsere Sachen wieder zur übrigen Ausrüstung räumten, sahen wir, dass eine Schwimmweste aufgeblasen war. Die Kinder hatten der Neugier nicht widerstehen können; der kleine, leuchtend rote Plastikknopf, an dem man zum Aufblasen ziehen musste, war zu verführerisch gewesen. Wie gerne wäre ich dabei gewesen.

Die Kinder drückten sich noch beinah eine Stunde in der Nähe unseres Camps herum, konnten sich aber nicht dazu durchringen, herüberzukommen und nachzuschauen, wer dort aufräumte und Abendessen kochte. Später habe ich es bedauert, dass ich nicht zu ihnen hinübergegangen bin und mich vorgestellt habe.

Irgendwann sehen wir den Hubschrauber dann doch. Wie eine leuchtend rot-weiße Rakete, die unseren unbedeutenden Außenposten auslöschen will, fliegt er direkt auf uns zu. Dann zischt er abwärts, zieht eine steile Kurve und landet an der Stelle, die Kai markiert hat. Ich schaue zu den Grönländern hinüber und frage mich, was sie wohl denken. Sie sind alle aus den Zelten gekommen, stehen davor und gucken.

Unsere Ausrüstung ist in Minutenschnelle verstaut, wir klettern in den Hubschrauber, schnallen uns an, setzen die Ohrschützer auf und heben ab.

Als der Hubschrauber aufsteigt, sehe ich einen Moment lang die Spuren unserer Anwesenheit: die platt gedrückte Tundra an unserem Zeltplatz und die niedergetretenen Pflanzen auf unseren Trampelpfaden. Die Störungen, die das Leben an diesem empfindsamen Ort hinterlassen hat.

Wir wollen nach Kangerlussuaq im Süden, zu dem Flughafen, an dem wir aus Kopenhagen kommend gelandet sind. Wir fliegen in nur etwas über dreihundert Meter Höhe, unter uns sehen wir Joche und Gipfel, die unbekannte Landschaft scheint zum Greifen nah. Gen Osten erstreckt sich das Inlandeis weiß schimmernd in der Sonne. Es ragt fast tausend Meter über uns hinaus, ein unermüdlicher Horizont, der allerdings bald nur noch eine Fußnote der Geschichte sein wird. Manchmal liegt die Gletscherfront höchstens dreißig Meter unter uns; dann können wir die braungrauen schlammigen Ströme sehen, die unter dem Eis hervorrauschen, sich westwärts schlängeln und ihre pulverisierte Gesteinslast zu einem fernen Ruheort im Meer bringen. Auf ihrem Weg dorthin verstopfen sie die zerklüfteten Talböden, lassen auf Auen und in Senken groben Sand und Kies zurück, türmen an den Fjordrändern neues Land auf und vertreiben die blauen Wasser, die mit der Meeresflut hereinströmen.

Als wir weiter nach Süden fliegen, sind die Wolken auf einmal verschwunden und geben einen leuchtend blauen

Himmel frei. Unablässig werden wir von Blitzen geblendet, die unter uns auffunkeln: Das Licht der tief stehenden Morgensonne spiegelt sich in den Teichen und Feuchtgebieten der wassergetränkten Landschaft. Mein erster Gedanke ist, aufzustehen und die Sonnenbrille zu holen, doch dann überlege ich es mir anders. Ich will die Welt dort unten nicht einen Moment aus dem Blick verlieren und möchte auch nicht, dass sich etwas zwischen sie und mich schiebt, selbst wenn ich in dreihundertfünfzig Meter Höhe in einem Hubschrauber sitze, die Rotorblätter über mir mit vierhundert Umdrehungen pro Minute herumwirbeln und es im Hintergrund unerträglich lärmt.

Auf halbem Weg überfliegen wir einen steilen Fels und dahinter ein Tundratal mit einem Gewirr von Wegen. Es sind die Pfade der umherwandernden Rentiere. Auch wenn sie kahl und eigentlich unauffällig sind, erzählen sie eine Geschichte. In flüchtiger Schrift berichten sie vom Leben an diesem Ort, von den Veränderungen und Überlebenskämpfen in der sich wandelnden Landschaft.

Links von uns setzt das Eis seine unermüdlichen Anstrengungen fort, die größte Insel der Welt abzuschmirgeln. Rechts von uns streben wunderbar modellierte Täler und sedimentgefüllte Fjorde dem Meer zu. Die Vielfalt der Landschaft beweist einmal mehr, wie wenig die rein analytischen Beschreibungen natürlicher Prozesse manchmal aussagen.

Dann überqueren wir ein Joch und sehen auf einmal Asphalt und Beton, in fünf Kilometer Entfernung und dreihundert Meter unter uns: der Flughafen von Kangerlussuaq, der dank menschlicher Ingenieurskunst den extremen Witterungsbedingungen standhält.

Der Hubschrauber geht in den Sinkflug und wendet. Als wir zur Landung ansetzen, sehen wir die 767, die uns bald über den Nordatlantik bringen wird. Schon diesen Abend werden wir in Kopenhagen essen.

Der Hubschrauber setzt sanft auf dem Teerband auf. Ich löse den Gurt und klettere hinaus, eine Hand auf der lackierten Aluminiumhaut des Hubschraubers. Verblüfft spüre ich dem seidigen Anstrich nach; nichts hatte sich in den letzten Wochen so gleichmäßig poliert angefühlt. Obwohl wir fast an derselben Stelle stehen, von der wir vor vier Wochen in Richtung Wildnis aufgebrochen sind, kommt mir hier nichts vertraut vor.

Wir zerren unsere Ausrüstung aus dem Hubschrauber und schmeißen alles in einen Van; bei jedem Aufprall klingt es hohl und metallisch. Der Flughafen mit seinem dieselbeheizten Gebäudekomplex verkörpert das Wesen von dem, wohin wir zurückkehren. Die Narbe, die mein Trampelpfad in der Tundra hinterlassen hat, scheint dagegen ein Nichts.

Wir lassen eine Welt hinter uns, in der es um Freundschaft, Gezeiten, Wind und Wolkenschichten ging. In der neuen Welt ist jede Verbindung zum natürlichen, fließenden Wandel von Landschaften und Leben verloren gegangen, es ist eine Welt der Grenzen und Beschränkungen. Selbst der ebene, harte Asphalt fühlt sich merkwürdig an. Das Gefühl für den unregelmäßigen Boden, den man auf tausenderlei Weise spürt, wurde willentlich ausgelöscht.

Der Van fährt uns über das Flugfeld zum Terminal-Café-Hotel. Wir betreten das Gebäude und geben unser Gepäck für Kopenhagen auf. Am einen Ende des Hotels befinden sich öffentliche Duschen, die man für wenig Geld nutzen kann. Geld, in unserer kleinen Gemeinschaft eben noch völlig sinnlos, scheint plötzlich ein seltsam abstrakter Begriff. Vor Wochen haben wir es irgendwo in einer Reißverschlusstasche verstaut und müssen erst mal danach suchen.

Auf dem Weg zu den Duschen überfällt mich fast Platzangst. Nachdem ich in dem engen Flur zweimal um eine Ecke gebogen bin, fühle ich mich benommen und verwirrt.

Als ich später vor dem Waschbecken stehe, um den Monatsbart abzurasieren, fehlt mir die sachte Brise. Die feuchte Wärme in dem geschlossenen Raum wirkt bedrückend. Ich öffne ein Fenster, blicke auf die sanfte Hügellandschaft am Ende des Kangerlussuaq Fjords und spüre erleichtert die frische, kühle Luft hereinströmen.

IMPRESSIONEN IV

Vielleicht ist es besser, wenn die aus der Einöde zurückkehrenden Kundschafter von dem Wunder nur einfach berichten, aber es nicht mehr auszulegen versuchen. Dann wird es weiterklingen in Herz und Geist anderer Menschen, die das Unbegreifliche begreifen wollen. Einmal jedoch zu Ende gedeutet, verliert das Wunder seine Kraft und genügt nicht mehr dem menschlichen Bedürfnis nach Symbolen.

LOREN EISELEY

ICH DENKE an die Felskante oberhalb der Klippe, an der der Falke und ich uns begegnet sind. Vor mir, in einem tiefen Abgrund aus strömender Luft, schwimmt der Fischefluss seinem Schicksal entgegen. Dem Leben in der Wildnis sind die Ängste fremd, die die bevölkerte Welt beherrschen. Was gesprochen wird, stammt allein von den schwindenden Stimmen der wilden Wesen; Wesen mit Gedanken sind nur Beobachter.

Wir sind dahintreibende Schwebfracht, unsere Gedanken und Träume sind an das gebunden, was wir kennen und sehen. Wir sind die erste Spezies, die begreift, dass es eine Oberfläche gibt und sich darunter etwas verbirgt. Wenn wir uns die Schienbeine am Fels aufschrammen, die Finger an rauen Kristallen blutig schlagen und mit durchnässten Schuhen in dünner Luft laufen, sammeln wir Erfahrungen und erschaffen uns ein Bild von der Natur: Wir betasten Eisberge, um die Fische schwimmen, hören den böigen Wind schreien, der gegen Felswände anrennt, sehen Flüssigkeit aus Robbenfleisch sickern und riechen den Duft, den die Fortpflanzungsorgane der Blumen verströmen. Die Wildnis ist für uns die einzige Schwelle, an der wir ungehindert spüren und erkennen können, warum wir denken, dichten und danach streben, Schönes zu erschaffen.

Epilog

DIE ERDE ist aus umherirrendem Sternenstaub entstanden, der aus dem Teilchenabfall von Supernovä und den gewaltigen Winden unbekannter Sterne stammt. In einem kosmischen Schaffensrausch vor etwas über viereinhalb Milliarden Jahren bildete sich durch sanft herabfallende interstellare Partikel, kollidierende Kometen, Meteore und gefrorenes Wasser unser Planet.

Doch die Schaffenskraft war damit noch nicht erschöpft. Es kamen noch die Erdgeschichte und das Leben. Wer die Fülle und den Reichtum unserer Erde wirklich wahrnehmen und spüren möchte, muss das ganze Spektrum erleben. Der Zugang dazu ist aber heute durch Parkplätze, Gebäude und Straßen verstellt. Wenn wir Sonnenuntergang und Horizont, Termiten und Moleküle, wenn wir das schöpferische Leben an sich begreifen wollen, brauchen wir den ungezähmten Raum. Ohne Wildnis geht uns die wesentliche Perspektive, die uns diese Sicht ermöglicht, verloren.

Unsere Feldstudien und die anderer Geologen haben uns geholfen, die weit zurückliegende Geschichte einer Gebirgsbildung grob zu umreißen. Doch damit die Gesteine ungehindert zu uns sprechen können, müssen wir auch Details betrachten, die man mit bloßem Auge nicht sieht. Wir brauchen andere Größenverhältnisse, und dafür nehmen wir Hämmer, Probenbeutel und Marker mit.

Von den Proben, die wir gesammelt und nach Dänemark verschifft haben, schneiden wir dünne Scheibchen ab und schicken sie an Speziallabore, wo sie auf Glasträger geklebt und hauchdünn geschliffen werden, so dünn wie menschliches Haar. Zum Schluss werden sie noch spiegelglatt poliert. Weil durch das hauchdünne Material Licht fällt, lassen sich Textur und Form nun in den feinsten Einzelheiten erkennen.

Wenn man die feingliedrigen Gesteinsplättchen unter dem Mikroskop betrachtet und die fantastischen Farben und Formen sieht, die sich kein Mensch je ausdenken oder mit bloßem Auge wahrnehmen kann, vergisst man alles um sich herum. Die Schönheit und Struktur dieser Mikroskop-Gefilde verdankt sich der wundersamen Atomanordnung ihrer Kristallgitter. Während wir Stunde um Stunde zu entziffern versuchen, was uns die mineralischen Formen über die Vergangenheit sagen, erleben wir, wie tiefgründig unser Unterfangen ist. Wenn Minerale sich in ihrer Zusammensetzung ändern und in geometrischen Formen erstarren, bewahren sie in sich Entwicklungsprozesse auf, bei denen es zu keinem Gleichgewicht gekommen ist – und zeigen damit, dass es Vollendung nicht gibt. Weil jede Kristallfläche gegen die sie umgebenden Nachbarn drückt, gibt es dazwischen keinen freien Raum. Die Abfolgen stabiler Anordnungen wachsen stetig über- und umeinander und erzählen so von den sich wandelnden Bedingungen tief in der Erde.

Blick durchs Mikroskop. Das schwarze netzartige Muster wird durch Graphitkristalle gebildet. Die Kohlenstoffatome in diesen Graphitkristallen waren einst Teil von einzelligen Lebensformen, die vor mindestens zwei Milliarden Jahren lebten (Ausschnitt ca. 1,3 x 1,9 cm).

Doch bei der Rekonstruktion der Erdgeschichte geht es um mehr, als dieses Wachstum in Tabellenform zu bringen. Wir müssen wissen, wann sich ein Mineral gebildet und eine Textur entwickelt hat. Wenn ein Gestein über drei Milliarden Jahre Geschichte hinter sich hat, braucht man zur zeitlichen Einordnung etwas, das ein hervorragendes Gedächtnis besitzt. Zum Glück gibt es das Mineral Zirkon.

Zirkon besteht hauptsächlich aus Zirconium, Silikat und Sauerstoff. Es ist widerstandsfähig und bleibt unter den meisten Temperatur- und Druckbedingungen, denen Gesteine in der mittleren und unteren Erdkruste ausgesetzt sind, stabil. Außerdem ist es hart und kann dank seines außergewöhnlich haltbaren Kristallgitters Hunderte Kilometer durch Flussbetten reisen, an Steine und Kiesel schlagen und daran entlangschrammen, ohne abgeschliffen zu werden.

Weil seine Atome auf besondere Weise zusammengesetzt und angeordnet sind, nimmt es zudem Spuren von Uran auf, das in fast allen Gesteinen vorkommt. Zirkon ist daher eins der wichtigsten Minerale zur Rekonstruktion der Erdgeschichte, insbesondere dort, wo Gesteine durch tektonische Aktivitäten unter extremen Bedingungen erhitzt und gepresst wurden. Das in Zirkon enthaltene Uran zerfällt langsam und mit einer bestimmten Geschwindigkeit radioaktiv und setzt dabei Blei, Thorium und Helium frei, die sich im Lauf der Zeit im Gestein ansammeln. Man kann das Alter eines Gesteins daher bestimmen, indem man die Konzentration dieser Elemente misst. Zirkon ist eine geologische Uhr.

Um das Zirkon zu erhalten, das man zur Datierung benötigt, wird ein Teil der Probe zerstoßen und gesiebt, bis sich winzige Zirkonkristalle abspalten. Ein paar Körner davon werden auf einer Epoxidscheibe befestigt, so lange poliert, bis das Korninnere freiliegt, und schließlich analysiert. Unvermeidlich kommt es dabei zu Unschärfen. Wenn man die Zirkonkristalle bei starker Vergrößerung betrachtet, sieht man meistens, dass sie nicht homogen sind. Normalerweise gibt es Bereiche, ähnlich wie Baumringe, die sich um den inneren Kern des Kristalls gelegt haben. Hier wurden, weil sich Bedingungen verändert haben, alte Zirkonkristalle von neuen überwachsen. Häufig sind die Wachstumsringe allerdings so dünn, wenige Millionstel Zentimeter oder noch dünner, dass sie nicht wirklich interpretierbar und für die Datierung ungeeignet sind.

Doch auch wenn wir die feinsten Wachstumsringe des Zirkons nicht analysieren konnten, gelang es uns dank unserer Analysetechniken, Hunderte Daten aus den breiteren Ringen zu gewinnen und die Geschichte der Gesteine in dieser Landschaft genauer zu rekonstruieren als je zuvor.

Einige Proben, die wir für die Datierung gesammelt hatten, stammten von den fließenden, modellierten Gesteinen, die wir am östlichen Ende von Tunertoq Island gefunden hatten. Als wir unsere Analyseergebnisse mit einigen Kollegen durchgingen, stellten wir überrascht fest, wie alt einige Gesteine waren. Viele Kerne der Zirkonkristalle waren fast 3400 Millionen Jahre alt und damit älter als das gesamte Gebiet auf der anderen Seite der Scherzone. Das hieß, dass sich ein alter Kontinentalkörper nach Norden erstreckte, nicht aber nach Süden. Diese Gesteine markierten also die eine Grenze des abgetauchten Ozeans.

Um die alten Kerne lagen wiederum jüngere Zirkonringe, die vielfach auf ein tektonisches Ereignis vor ungefähr 2750 Millionen Jahren schließen ließen. Zu diesem Zeitpunkt waren alte Kontinente rund um die Welt von einer großen Störung erfasst worden, auch das Gestein südlich der Scherzone. Was das genauer bedeutet, ist bis heute unklar, doch offensichtlich blubberten zu dieser Zeit viele Kontinentmassen unseres Planeten aus dem Erdmantel hoch. Unsere Funde belegten, dass in dieser

Region zur gleichen Zeit Ähnliches passiert war wie anderswo auf der Welt. Es gab also einen gemeinsamen Nenner, der bewies, dass dieser Teil Grönlands typische Kontinentalkruste war.

Dieses alte Gestein wurde wiederum von einem Gesteinsgang mit homogenen Zirkonkristallen durchschnitten, die vor 1805 Millionen Jahren entstanden waren. Und das war, wie sich herausstellen sollte, genau der Zeitpunkt, als die Kontinente dort kollidierten.

Das riesige Magmamassiv weiter im Osten, das Kalsbeek und seine Mitarbeiter 1987 entdeckt hatten, ist mittlerweile anhand von Zirkonkristallen, die wir und einige andere Geologen gesammelt haben, zuverlässig datiert. Die Datierungen beweisen, dass es in der Region in der Zeit vor 1980 Millionen bis vor 1875 Millionen Jahren aktive Plattenbewegungen und einen ähnlichen Vulkanismus wie in den Anden gegeben hat.

Anhand der Tatsache, dass das Vulkansystem hundert Millionen Jahre lang aktiv war, kann man berechnen, wie groß der Ozean gewesen sein muss, der dabei abgetaucht ist. Wir wissen heute, dass in Subduktionszonen jährlich normalerweise zwischen zwei und zwölf Zentimeter Ozeankruste absinken. Wenn wir von einer langsamen Konvergenz der damaligen Platten ausgehen, wären also fünftausend Kilometer Ozeankruste verschluckt worden, was in etwa der Entfernung zwischen New York und Lissabon entspricht. Mit anderen Worten: Der Ozean, in dem der von uns gefundene Kissenbasalt entstanden ist, muss ungefähr so groß gewesen sein wie der heutige Nordatlantik.

Doch passte das Alter des Kissenbasalts wirklich zu einem Ozeanbecken, das vor 1875 bis 1980 Millionen Jahren aktiv war? Als wir mit denselben Analysemethoden den Kissenbasalt datierten, stellten wir fest, dass er mindestens 1895 Millionen Jahre alt war, also vermutlich zu dem längst verschwundenen Ozeanboden gehörte.

Andere Proben aus der Scherzone, in der sich Deformation und Metamorphismus konzentrierten, waren unterschiedlichen Alters, doch stets zwischen 1720 und 1820 Millionen Jahre alt. Dass der Gebirgsbildungszyklus hundert Millionen Jahre dauerte, entspricht dem, was wir über ähnlich kollidierte Gebirgsgürtel wie den Himalaja oder die Alpen wissen, die heute noch aktiv sind und noch Millionen Jahre lang aktiv sein werden. Das Himalaja-System entwickelte sich vor sechzig Millionen Jahren, und die Alpen sind mindestens dreißig Millionen Jahre alt.

Durch die Datierung unserer Proben können wir die Reise der Gesteine chronologisch einordnen, und daraus lässt sich ein dreidimensionales Modell der Erdgeschichte dieser Region erstellen.

Bei der mikroskopischen Untersuchung des Gesteins, das nach versengtem Haar roch, entdeckten wir Granat-, Olivin- und Spinellkristalle. Es stellte sich heraus, dass das Gestein mindestens sechzig Kilometer und damit erstaunlich tief in der Erde versenkt gewesen sein musste, also in einer metamorphen Hochdruck-Umgebung (HP). Bis dahin hätte keiner von uns gedacht, dass die Gesteine in dieser Region mehr als fünfundzwanzig Kilometer in die Erde abgesunken waren. Wir schrieben Berichte, veröffentlichten Artikel und suchten im Kellerarchiv der Universität Aarhus nach weiteren Proben, die belegen konnten, dass unsere Gesteine keine rätselhaften Ausnahmen waren.

Dabei fanden wir dann die Ultrahochdruck-Proben (UHP). Monatelang prüften wir Tausende Proben, die über Jahrzehnte von den wenigen Professoren und Studenten gesammelt worden waren, die ihre Abschlussarbeit über die Geologie Grönlands geschrieben hatten. Schließlich fanden wir zwei Proben, die genauso tief in der Erde versenkt gewesen waren. Die Fundorte lagen kilometerweit westlich von dem Gebiet, wo wir gearbeitet hatten, aber entlang desselben ungewöhnlichen Gesteinsgürtels und am Nordrand der Nordre-Strømfjord-Scherzone. Beide Proben wiesen dieselben Merkmale auf. Die eine hatte witzigerweise Kai gesammelt, als er vor fast vierzig Jahren mit Fleming Mengel, einem seiner Studenten, dort geforscht hatte, obwohl er sich nicht an den Fund erinnern konnte. Die andere Probe stammte aus der Nähe von Giesecke Sø und war von Steen Platou im Rahmen seiner Abschlussarbeit in den späten 1960er-Jahren erforscht worden. Die beiden Proben wurden zum Herzstück einer kleinen Sammlung, die bewies, dass Gesteine in der Region außergewöhnlichen Druckbedingungen ausgesetzt waren und eine Rundreise überstanden hatten, die sie in Tiefen von über zweihundertfünfzig Kilometer geführt hatte. Es sind die ältesten bekannten Proben, die von einer Wanderung in eine tiefe Subduktionszone zeugen, bei der Ozeanboden durch das Aufeinandertreffen tektonischer Platten Hunderte Kilometer tief in den Erdmantel absinkt. Vor der Entde-

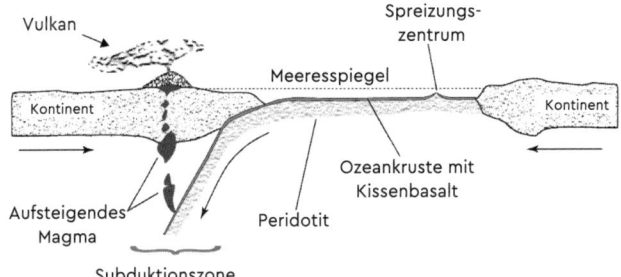

Vor der Kollision. Die Darstellung zeigt, wie die damals wichtigsten aktiven plattentektonischen Elemente, die an der Kollision beteiligten Kontinente, die Subduktionszone und das Vulkansystem, vor ungefähr 1890 Millionen Jahren orientiert waren. Die Ultrahochdruck-Region (UHP) befand sich genau unterhalb des Bereichs, wo die Magmakörper unter den abtauchenden Kissenbasalten und Peridotiten aufstiegen, während die Hochdruck-Gesteine (HP) darüber lagen.

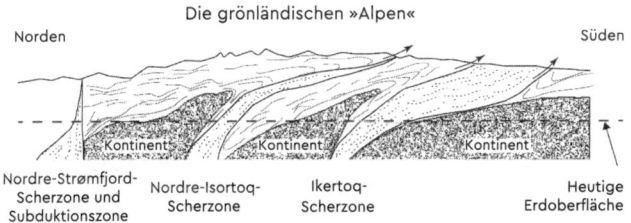

Eine neue Interpretation. Eine schematische Querschnittzeichnung durch das Gebirgssystem, das sich kurz vor Abschluss der Kontinentkollision, vor ca. 1720 Millionen Jahren, bildete. Die Pfeile zeigen die Bewegungsrichtung entlang hochgradiger Störungen an, die in den uns nun bekannten Scherzonen wurzelten. Die dunkel schattierten Kontinente waren bereits vor der Kollision verbunden. Die ältesten Gesteine des nördlichen Kontinents befinden sich links von der Nordre-Strømfjord-Scherzone. Die dünnen welligen und geknickten Linien markieren gering metamorph überprägte Sedimente und andere Gesteine. Veränderte Version einer Modellzeichnung von Kai Sørensen.

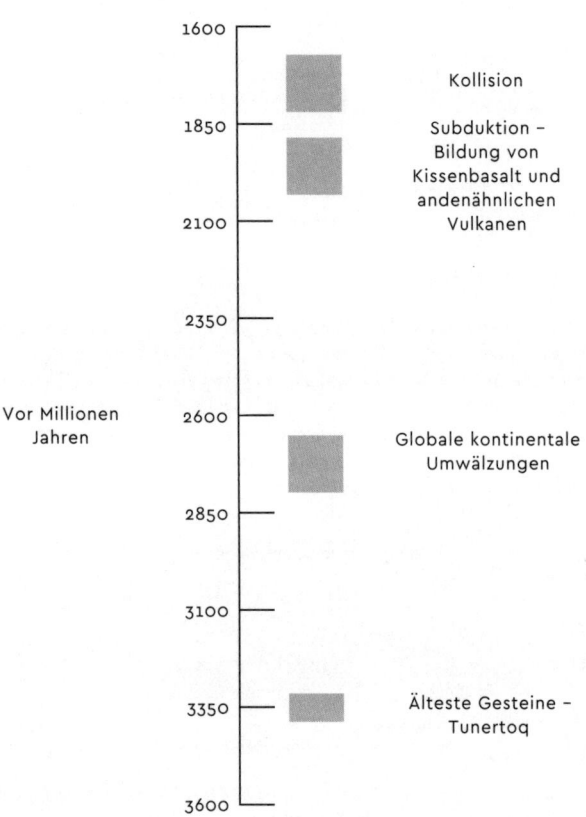

Zeitachse für die wichtigsten überlieferten geologischen Ereignisse in Westgrönland. Die Altersangaben basieren hauptsächlich auf der Radiometrie von Zirkonkristallen. Die Balken umfassen den Hauptzeitraum der jeweiligen Ereignisse. Die Nordre-Strømfjord-Scherzone (NSSZ) war in den letzten Millionen Jahren der Kollision aktiv. Zum Vergleich: Die Erde entstand vor ungefähr 4560 Millionen Jahren, und die ältesten überlieferten Kontinentfragmente sind ca. 4100 Millionen Jahre alt.

ckung dieser Funde gab es keinen unmittelbaren Beweis für plattentektonische Prozesse, die älter waren als neunhundert Millionen Jahre. Doch damit wurden die Anfänge der Plattentektonik mindestens in die Zeit vor 2000 Millionen Jahren verschoben.

Steen Platou lebte, als wir die Probe aus dem von ihm erforschten Gelände entdeckten, als pensionierter Landwirt am Stadtrand von Aarhus in Dänemark. Wir besuchten ihn in seinem Bauernhaus, wo er uns seine Aufzeichnungen und Karten zeigte, fragten ihn, inwieweit er sich noch an den Fundort erinnerte, und kamen irgendwann zu dem Schluss, dass es wohl das Beste sei, noch einmal gemeinsam dorthin zu fahren. Im Sommer 2012 kehrten wir an Steens damaligen Fundort zurück, wo seit 1969 niemand mehr gewesen war. Steen war Anfang siebzig und führte uns tagelang gemächlich durch das Gelände. Er lachte viel, rauchte Pfeife und genoss es offensichtlich, an alte Lieblingsorte zurückzukommen. Eines Nachmittags, es war schon gegen Ende unseres Aufenthalts, zog er stolz sein T-Shirt hoch, um uns vorzuführen, wie locker der Gürtel saß. Bei unseren kilometerlangen Wanderungen durch die Wildnis hatte er so stark abgenommen, dass der Gürtel keine passenden Löcher mehr besaß.

Wenige Monate nach unserer Reise ist Steen gestorben. Er erlitt einen Herzinfarkt, während er voller Elan an den Karten arbeitete, die wir für die Beurteilung unserer Daten brauchten. Seine Proben und die, die wir gemeinsam auf der letzten Reise gesammelt hatten, wurden zum wichtigsten Beweis einer einzigartigen Geschichte. Daten und Proben stützten eindeutig die These von Kalsbeek und seinen Mitarbeitern, dass es in Grönland einst ein Vulkansystem gegeben habe, eine grönländische Version der Anden.

Wir hatten die Suturzone gefunden, die die Grenze zwischen den kollidierten Kontinenten markierte, und die verbleibenden Schnipsel des Ozeanbodens, der die beiden Landmassen einst getrennt hatte. Durch unsere Arbeit und die Studien anderer gilt die Nagssugtoqidische Scherzone heute unumstritten als die letzte große Deformation, die sich am Ende der mahlenden Kollision zweier alter Kontinente ereignete, als ein Störungssystem, das heute aktiven Gebirgssystemen wie dem Himalaja ähnelt. Zudem gibt es dort seltene Spuren von Gesteinen, die zweihundertfünfzig Kilometer tief in den Erdmantel abgesunken und wieder an die Oberfläche gestiegen sind. Es sind die ältesten bekannten Belege dafür, dass ein ganzes Gebiet der Erdoberfläche in solche Tiefen abgesunken ist, die sichtbaren Überbleibsel der frühesten bekannten Plattentektonik und Subduktion. Steen hatte sie gefunden.

Wir gleiten zwischen den Felsen einer Küste dahin, auf dem auflaufenden Wasser, das in den Regenbogenfarben der Rippenqualle funkelt. John lenkt das Boot weiter in die Strömung. Die Gneise und Schiefer im Wasser unter uns erzählen, wie alles dort treibende Gestein, von einer Vergangenheit, in der wir als Geologen schwelgen. Doch in unserem Kielwasser nimmt schon die Zukunft Gestalt an. Das flexible Schlauchboot reagiert auf alle Wellenkämme und

Wellentäler, wird langsamer, schneller, kippt leicht seitwärts, Wasser wird verdrängt.

Nach unserer letzten Expedition wurden im Sommer erstmals Eisbären in unserem Forschungsgelände gesichtet. Wenn wir noch einmal dorthin fahren sollten, müssen wir, nach den Anforderungen unserer Sponsoren, zum eigenen Schutz Gewehre mitnehmen.

Obwohl es mittlerweile Jahre her ist, sehe ich noch immer die Tundrahüte auf den Steinen vor mir, Reste der schwindenden Landschaft, die von der Bucht überschwemmt wird. Ich sehe verwesende Rentierknochen, schmelzende Gletscher, erstmals eisfreie Felsen. Doch auch wenn die Wildnis unvermeidlich zurückgeht und sich verändert, bleibt sie doch eine ewige unwiderstehliche, stille Verlockung.

Siedlungen am Rand der Wildnis sind Satzzeichen, die das Narrativ der Natur gliedern. Sie stellen der Wildnis das menschliche Element gegenüber, modellieren Gefühle und Reaktionen und verändern die Textur der Landschaft. Weil sie am Rand des Unwirtlichen, Menschenfeindlichen liegen, bestimmen sie, was es bedeutet, in Harmonie mit der unberührten Wildnis zu leben. Es sind Orte voller Weisheit.

Eines frühen Morgens laufen John und ich durch eine Straße in Aasiaat. Wir sind auf dem Weg zu jemandem, der uns bei der Logistik helfen soll. Ein älterer Inuit, der auf einer Anhöhe mit Blick über die Diskobucht wohnt. Auf dem Dach seines bescheidenen Hauses ist das Fell eines

Rentiers zum Trocknen aufgehängt, das er kürzlich gejagt hat. Von den Fensterrahmen im ersten Stock baumelt Rentierdörrfleisch. Im Garten sind Huskys vor Hundehütten angebunden. Daneben ist der Schlitten aufgestellt, den sie im Winter ziehen werden. Elegant geschwungene weiße Kufen wölben sich dem Himmel entgegen.

Als wir uns der Vorgartentür nähern, liegt ein seltsamer Klang in der Luft, der langsam zwischen einer niedrigen und einer höheren Tonlage wechselt. Gesang strudelt von der Bucht herauf. Ich drehe mich um, blicke suchend auf das eisgespickte Wasser, sehe aber nichts als weiß geflecktes Blau; ruhig und glitzernd spiegelt sich der Himmel im Wasser. Doch als wir auf der Veranda stehen, schwappen drei große Wellen durch die Bucht, aus denen riesige Buckelwalmäuler auftauchen. Das Geräusch ist verschwunden, jetzt ist nur noch Wasser zu hören, das aus Walmäulern schwappt. Die Wale fressen, und ihr Gesang dient dazu, die kleine Gruppe im Meer zusammenzuhalten.

Nachdem wir unsere Angelegenheit geregelt haben, gehen wir zum Seamen's Hotel zurück, wo wir übernachten und mit Kai verabredet sind. Der Weg führt am Strand der kleinen Hafenbucht entlang. Wir machen an ein paar Ständen mit weißem Segeltuch halt, wo Fischer ihren Fang, Fische und Robbenfleisch, verkaufen. Als wir uns Scholle, Fjord-Kabeljau, Seesaibling und weitere Fische anschauen, die ich nicht kenne, fährt dröhnend ein Boot in den Hafen, steuert dann etwas langsamer auf den Strand zu und gleitet auf den Sand. Ein großer Mann in gelber, brusthoher Wathose steigt aus und zerrt lange, dicke, tiefrote Robbenfleischstreifen vom Boot. Wir beobachten, wie er damit zu einem Stand geht und mit der Inuitfrau hinter dem Verkaufstisch verhandelt. Nach kurzem Hin und Her schiebt sie ihren ausgelegten Fisch ein wenig zur Seite, damit der Mann seine Ware dazulegen kann. Nun kehrt er zum Boot zurück und holt Walspeckschwarten. Als er sein Geld bekommen hat, geht er, schiebt sein Boot ins Wasser und startet. Langsam und im Stehen lenkt er es tuckernd durch die vertäuten Boote im Hafen, dann gibt er Gas, fährt mit aufheulendem Motor davon und verschwindet hinter der Landzunge.

Eine traditionelle Szene. Der Handel und die nachhaltige Koexistenz mit Wildnis und Tieren haben sich hier in den letzten hundert Jahren kaum verändert. Allerdings wird heute weniger Kabeljau gefangen, die Wale sind schwerer zu finden, die Wanderrouten der Rentiere schlechter aufzuspüren und die Robbenpopulationen aus dem ökologischen Gleichgewicht geraten. Was einst eine mühselige, aber nachhaltige Lebensweise war, ist heute bedroht.[4]

Doch das gilt nicht nur für Grönland. Die Wildnis schwindet auf allen Kontinenten, und die Menschen, die am Rand der Wildnis mit und von ihr leben, sind gezwungen, das, was sie lieben, aufzugeben. Mit unglaublicher Anmaßung zwingt die moderne Welt die Folgen ihrer industriellen Gier einer Lebensform auf, von der sie nichts weiß und versteht. Sämtliche Rechtfertigungen für die Zerstörung der Wildnis und der Menschen, die in Harmonie mit ihr leben, sind eine moralische Bankrotterklärung. Da ist es ermutigend, zu wissen, dass viele Menschen wütend sind und nach Wegen suchen, die zerstörerischen Folgen der modernen Ökonomie abzumildern, doch bei ihren Bemühungen treffen sie auf erbitterten Widerstand. Gegenüber der ökonomischen Zerstörungswut nimmt sich die moralische Empörung, die wir alle empfinden sollten, kläglich aus.

Die Folgen der ökonomischen Ungeheuerlichkeiten werden noch dadurch verstärkt, dass die Wildnis in unserem Alltag eine immer geringere Rolle spielt. In den Nachrichten kommt sie kaum noch vor, in der Politik findet sie kaum Berücksichtigung, und in den sozialen Medien ist sie eigentlich nicht existent. Schon 1960 schrieb Wallace Stegner in seinem »Wilderness Letter«, der großen Einfluss haben sollte:

> Wenn wir jung sind, ist die Wildnis gut, weil sie durch Urlaub und Freizeit eine unvergleichliche Gesundheit in unser ungesundes Leben bringt. Und wenn wir alt sind, ist sie wichtig, weil sie einfach da ist, nur als Idee.

Die Botschaft dieses Briefs mag heute altmodisch klingen, ist aber dringlicher denn je.

Menschlichkeit wurzelt in der Gemeinschaft, aber diese setzt Zusammenwirken und gemeinsames Erleben voraus. Wenn die Eigeninteressen von Politik und Wirtschaft alles niederwalzen und die Wildnis schwindet, laufen wir Gefahr, den Zugang zu unserer eigenen Wildheit zu verlieren. Nur wenn wir Wildnis erfahren können und uns an ihr erfreuen, ob durch unmittelbares Erleben oder durch Dichtung, Kunst und Musik, werden wir sie retten. Die Lebensformen aller Arten in der Wildnis haben unsere Achtung und unseren Respekt verdient, ihnen stehen das Land, unsere Ehrfurcht, Kunst und Träume zu.

ANHANG
Glossar

ANORTHOSIT: Ein aus Magma gebildetes Gestein, das in geringen Mengen Orthopyroxen und hauptsächlich Plagioklase enthält, ein Mineral mit hohem Gehalt an Natrium, Aluminium und Silicium. Man nimmt an, dass Anorthosit am Boden der Kontinente weit verbreitet ist.

NEBENGESTEIN: Der Hauptteil der Gesteine, aus denen sich ein Gelände zusammensetzt. Auch Gestein, in das Magma eindringt.

FJORD: Meeresarm, oft mit hoher, steiler Felsküste, der durch Überflutung einst vergletscherter Täler entstanden ist.

FÖHN: Kräftiger, warmer Fallwind, der sich häufig an windabgewandten Berghängen bildet. Ursprünglich bezog sich der Begriff nur auf ein meteorologisches Phänomen in den Alpen; heute wird er auch für Fallwinde an den windabgewandten Hängen großer Eisdecken wie dem grönländischen Inlandeis verwendet.

GNEIS: Metamorph umgewandeltes Gestein, das hohen Drucken und Temperaturen ausgesetzt war und aus verschiedenen Mineralschichten besteht. Normalerweise sind Gneise gebändert, wobei die Bänder an unterschiedlichen Farben erkennbar sind. Gneise können sich unter entsprechenden

Druck- und Temperaturbedingungen aus jeder Art von Gestein (Vulkangestein, Sedimenten, metamorph umgewandelten Gesteinen) bilden.

ORTHOPYROXEN: Ein Mineral, das sich bei hohen Temperaturen in bestimmten Vulkangesteinen und metamorph umgewandelten Gesteinen bildet. Es besteht hauptsächlich aus Eisen, Magnesium und Silicium.

PALSA: Eine einen halben bis zwei Meter hohe gerundete Bodenerhebung, die sich in feuchten oder nassen Regionen bildet. Die runde Form entsteht durch den meterweit unter der Oberfläche liegenden gefrorenen Eiskern.

PINGO: Ähnlich wie Palsa, nur größer, mit einem Durchmesser von vierzig bis hundert Meter.

SCHIEFER: Metamorph umgewandeltes Gestein mit papierdünnen Lagen und Schichten, die durch flache oder längliche Minerale entstehen.

SILLIMANIT: Ein helles metamorph umgewandeltes Mineral, das zu länglichen, spitzen Formen neigt. Sein Vorhandensein zeugt normalerweise von Lehm oder anderem aluminiumhaltigen Material im Ausgangsgestein.

SUBDUKTION: Bei diesem Prozess taucht die dichtere von zwei tektonischen Platten unter der anderen ab. In den meisten Fällen wird die ozeanische Platte subduziert.

TEKTONISCHE PLATTE: Fläche aus Erdkruste und oberem Erdmantel, die sich langsam über die Erdoberfläche bewegt. Es gibt acht große tektonische Platten und zahlreiche kleinere. Die Platten sind relativ starr, bei einer Kollision der Platten bilden sich daher Gebirgssysteme.

TUNDRA: Kalte, baumlose Regionen, die in hohen Breitengraden oder Höhen vorkommen. Die Vegetationsperiode der Pflanzen ist kurz. Durch die Witterungsbedingungen entwickelt sich in der Tundra ein einzigartiges Pflanzenbiom.

KRISTALLZWILLING: Eine Kristallstruktur, bei der zwei oder mehr Kristalle symmetrisch miteinander verwachsen sind und dabei dieselben Gitterpunkte teilen.

ULTRAMAFISCH: Bezeichnung für eine Gesteinsart mit hohem Eisen- und Magnesiumgehalt, aber wenig Siliciumdioxid, Aluminium, Natrium und Kalium. Ultramafisches Gestein macht den Großteil der Erdmasse aus; es ist das vorherrschende Gestein des Erdmantels.

Literatur und Danksagung

SEIT JAHRHUNDERTEN erzählt die Literatur von der Wildnis, aus verschiedenen Blickwinkeln und vor dem Hintergrund unterschiedlicher persönlicher Erfahrungen und philosophischer Ansätze. Einigen Autorinnen und Autoren, die mich zum Nachdenken über die Wildnis und unser Leben angeregt und mich zur Demut gegenüber der Natur bewogen haben, möchte ich dafür danken. In willkürlicher Reihenfolge und leider unvollständig:

LOREN EISELEY, *Die ungeheure Reise*, München 1959.
ILYA PRIGOGINE, *Vom Sein zum Werden*, München 1979.
FREEMAN DYSON, *Innenansichten: Erinnerungen an die Zukunft*, Basel 1981.
HENRY DAVID THOREAU, *Walden*, München 1999.
JOHN MUIR, *Die Berge Kaliforniens,* Berlin 2013, *Mein erster Sommer in der Sierra*, Sinsheim 2016, und *The Yosemite*, 1912.
ALDO LEOPOLD, *Am Anfang war die Erde. Plädoyer zur Umwelt-Ethik,* München 1992.
EDWARD ABBEY, *Die Einsamkeit der Wüste*, Berlin 2016, und *Die Monkey Wrench Gang*, Reinbek 2012.
ROBERT MACFARLANE, *Karte der Wildnis*, Berlin 2015.
MARGARET MEAD, *Jugend und Sexualität in primitiven Gesellschaften, I. Kindheit und Jugend in Samoa*, München 1987.

RACHEL CARSON, *Der stumme Frühling*, München 1962.
GONTRAN DE PONCINS, *Kabloona: Among the Inuit*, 1941.
PETER MATTHIESSEN, *Auf der Spur des Schneeleoparden*, München 2000.
GARY SNYDER, *Riprap*, Wenzendorf 1999, *Schildkröteninsel*, Wenzendorf 1980, und *Lektionen der Wildnis*, Berlin 2011.
BARRY LOPEZ, *Arktische Träume*, München 2000.
ROCKWELL KENT malte Grönland als Erster für ein westliches Publikum.
WALLACE STEGNER, *Angle of Repose*, London 1971.
JOHN STEINBECK, *Logbuch des Lebens*, Hamburg 2017.
HENRY BESTON, *The Outermost House*, New York 1928.
E. O. WILSON, *Die Einheit des Wissens,* Berlin 1998.
ANNIE DILLARD, *Pilger am Tinker Creek,* Berlin 2016, und *Teaching a Stone to Talk*, New York 1982.
GRETEL EHRLICH, *The Solace of Open Spaces*, 1985, *Islands, the Universe, Home,* 1991, und *This Cold Heaven,* 2001, alle London.
ELSA MARLEY, *Blue Ice Series* (2009) und andere wunderbare Gemälde.
TERRY TEMPEST WILLIAMS, *Refuge*, London 1992, *When Women Were Birds*, New York 2012, und *The Hour of Land*, New York 2016.

Ich danke Kai und John, die das Grönland-Abenteuer als Erste gewagt und mich vor vielen Jahren dazu eingeladen haben und sich stets die Leidenschaft für das Leben und das Land bewahrten, die Team Alpha erst möglich machte. Ihr Enthusiasmus, ihre Herzlichkeit und Ehrlichkeit taten uns und unserer

Wissenschaft gut. Genauso danke ich den Menschen in Grönland, die das Wunder und die Kraft der Wildnis, in der sie leben, in ihrer Kultur zutiefst respektieren und achten. Ihr Überlebenskampf angesichts des Drucks von außen sollte uns alle motivieren, über uns hinauszuwachsen. Mein Dank geht auch an Lucia Milburn, Peter Seitel und John Winter, die mich bei meiner ersten Expedition begleiteten.

Ich danke von ganzem Herzen Katharine Turok, die durch ihr gründliches, kenntnisreiches und mitdenkendes Lektorat aus einem Manuskript ein Buch gemacht hat. Mit grenzenloser Geduld und Freundlichkeit führte sie einen Neuling durch einen kleinen Teil der großen Landschaft des Schreibens. Ich danke Dawn Raffel für die wichtigen Hinweise, die das Buch reicher gemacht und zu seiner Entwicklung beigetragen haben. Immer dankbar werde ich auch Erika Goldman sein, die das Buch mit ihrem geduldigen, unermüdlichen Lektorat zum Abschluss brachte. Und vielen Dank an Carol Edwards, die wesentlich dazu beitrug, das Ziel dieses Buches klarer und besser zu definieren. Ich danke meiner Agentin, Malaga Baldi, weil sie mich immer wieder ermutigte und für mein Manuskript ein Zuhause fand. Und ich danke Elana Rosenthal und Molly Mikolowski für ihre große Aufmerksamkeit und ihren klugen Blick.

Meine tiefste Dankbarkeit gilt Carolyn Feakes, die Tag für Tag mit grenzenloser Geduld zu der mühevollen Arbeit beitrug, herauszufinden, was noch gesagt werden musste. Ich danke Sabina Thomas, Martha Hickman Hild, Annemarie Meike, Lucia Milburn und Dirk Sigler für die Zeit und Mühe, mit der sie im Lauf der Jahre die verschiedenen Versionen dieses Buches kommentierten. Danke auch an Lawrence Millman für seine mykologischen Beiträge. Und ich danke der Fakultät und den Studierenden am College of the Atlantic, Bar Harbor, Maine, für die engagierten Gespräche über die Wildnis und ihren Wert.

Unsere wiederholten Expeditionen nach Grönland wurden über die Jahre von der U.S. National Science Foundation, dem Danish Research Council, dem Greenland Geological Survey (GGU) und dem Geological Survey of Denmark and Greenland (GEUS) unterstützt. Ich danke allen Organisationen für ihre Förderung.

Anmerkungen

1 M. ROSING U.A., The rise of continents – an essay on the geological consequences of photosynthesis. In: *Palaeography, Palaeoclimatology, Palaeoecology* 232 (2006), S.99–113.
2 WOLFGANG PFEIFER (Leitung): *Etymologisches Wörterbuch des Deutschen*. München 1995, 7. Auflage 2004.
3 F. KALSBEEK, R.T. PIDGEON und P.N. TAYLOR, Nagssugtoqidian mobile belt of West Greenland: a cryptic 1850 Ma suture between two Archaean continents – chemical and isotopic evidence, In: *Earth and Planetary Science Letters* 85/4 (1987), S. 365–385.
4 F. KARLSEN, *Management and Utilization of Seals in Greenland. The Greenland Home Rule Department of Fisheries, Hunting and Agriculture,* 28 Seiten, 2009.

Zitatquellen

S. 5 KATHERINE LARSON, »Solarium«, *Radial Symmetry*, Yale 2011.
ALAN WATTS, *Cloud-Hidden, Whereabouts Unknown: A Mountain Journal*, New York 1974.

S. 23 GEORGE BANCROFT, *The Necessity, the Reality, and the Promise of the Progress of the Human Race: Oration Delivered Before the New York Historical Society, 20. November 1854*, New York 1854.

S. 25 JOHN STEINBECK, *Logbuch des Lebens*, Üb. Henning Ahrens, Hamburg 2017.

S. 99 BARRY LOPEZ, *Arktische Träume*, Üb. Ilse Strasmann, München 2000.

S. 101 JOHN MUIR, *Mein erster Sommer in der Sierra*, Üb. Jens Lindenlaub, Sinsheim 2016.

S. 143 ALFRED LORD TENNYSON, *In Memoriam, Canto 123*, aus: *Englische und amerikanische Dichtung*, Üb. Kurt Rüdiger, Bd. 2: Von Dryden bis Tennyson, München 2000.

S. 147 ANNIE DILLARD, *Teaching a Stone to Talk*, New York 1982.

S. 195 LOREN EISELEY, *Die ungeheure Reise*, Üb. Stefan W. Escher, München 1959.

© der deutschen Ausgabe: Verlag Antje Kunstmann GmbH, München 2018
© der Originalausgabe: William E. Glassley, 2018
Die Originalausgabe erschien unter dem Titel *A wilder time. Notes from a Geologist at the Edge of the Greenland Ice* bei Bellevue Literary Press, New York 2018
Umschlaggestaltung: Heidi Sorg und Christof Leistl
Typografie und Satz: frese-werkstatt.de
Druck und Bindung: Pustet, Regensburg
ISBN 978-3-95614-258-1